高温高压及高含硫井完整性设计准则

吴 奇 郑新权 张绍礼 杨向同 等编著

U0272848

石油工业出版社

内 容 提 要

井完整性是国际上针对高温高压及高含硫井管理的有限手段，是近几年全球油气工程技术研究的热点。本书是《高温高压及高含硫井完整性规范丛书》第二分册，详细阐述了高温高压及高含硫井钻井、试油、完井、生产到弃置的全生命周期内各阶段井完整性设计方法，是高温高压及高含硫井完整性设计的指导手册。

本书可供石油生产管理者、工程技术人员、科研工作者使用，也可供相关院校师生参考阅读。

图书在版编目（CIP）数据

高温高压及高含硫井完整性设计准则 / 吴奇等编著．
—北京：石油工业出版社，2017.9
（高温高压及高含硫井完整性规范丛书）
ISBN 978-7-5183-2087-5

Ⅰ．①高… Ⅱ．①吴… Ⅲ．①油气井－设计
Ⅳ．① TE2

中国版本图书馆 CIP 数据核字（2017）第 223371 号

出版发行：石油工业出版社
　　　　　（北京安定门外安华里 2 区 1 号楼　100011）
　　　　　网　　址：www.petropub.com
　　　　　编辑部：(010) 64523710
　　　　　图书营销中心：(010) 64523731　64523633
经　　销：全国新华书店
印　　刷：北京中石油彩色印刷有限责任公司

2017 年 9 月第 1 版　2017 年 9 月第 1 次印刷
787×1092 毫米　开本：1/16　印张：13
字数：175 千字

定价：120.00 元

《高温高压及高含硫井完整性设计准则》
编写组

组　　　长：吴　奇

副　组　长：郑新权　张绍礼　杨向同　张福祥　陈　刚

主要编写人员：（以姓氏笔画排序）

丁亮亮　马　勇　马　琰　马辉运　王孝亮

毛蕴才　艾正青　龙　平　乔　雨　刘文红

刘洪涛　刘爱萍　刘祥康　齐奉中　李玉飞

李美平　李　勇　杨成新　杨炳秀　杨　健

吴　军　邱金平　张仲宏　林　凯　林盛旺

周　朗　周理志　查永进　段国斌　胥志雄

秦世勇　耿东士　董　仁　蒋光强　曾　努

谢俊峰　滕学清　魏风奇

参与编写人员：（以姓氏笔画排序）

王　林	王　强	王　磊	卢亚锋	冯耀荣
吕栓录	朱金智	刘会峰	刘明球	刘　波
刘　勇	严永发	李川东	李元斌	李　宁
李军刚	李孝军	李　杰	李家学	吴云才
何轶果	何银达	何　毅	佘朝毅	汪海阁
汪　瑶	张　帆	张　伟	张　果	张　峰
张　娟	张　震	陈力力	季晓红	周　波
周建平	郑有成	赵大鹏	胡锡辉	袁中涛
袁进平	耿海龙	夏连彬	徐冰清	高文祥
郭建华	唐克松	唐　庚	唐　睿	曹立虎
彭建云	彭建新	曾凡坤	曾有信	谢南星
雍兴伟	窦益华	黎丽丽		

丛书序

 截至 2014 年底，中国石油在塔里木油田和西南油气田已投产高温高压及高含硫井 200 余口，其中油套管发生不同程度的窜通、泄漏等问题的井达 40 多口，严重影响了这些井的安全高效开发。目前国际上普遍采用全生命周期井完整性技术来解决高风险井的安全勘探、开发问题，井完整性是一项综合运用技术、操作和组织管理的解决方案来降低井在全生命周期内地层流体不可控泄漏风险的综合技术。井完整性贯穿于油气井方案设计、钻井、试油、完井、生产到弃置的全生命周期，核心是在各阶段都必须建立两道有效的井屏障，通过测试和监控等方式获取与井完整性相关的信息并进行集成和整合，对可能导致井失效的危害因素进行风险评估，有针对性地实施井完整性评价，制订合理的管理制度与防治技术措施，从而达到减少和预防油气井事故发生、经济合理地保障油气井安全运行的目的，并最终实现油气井安全生产的程序化、标准化和科学化的目标。

 自 20 世纪 70 年代以来，挪威等国家相继开展了井完整性的系统研究，特别是在 1996 年挪威北海发生恶性井喷失控事故和 2004 年挪威 P–31A 井侧钻过程中发生地层压力泄漏后，井完整性开始真正引起业内重视，并且成立了挪威井完整性协会，颁布了全球第一个井完整性标准 NORSOK D–010《钻井及作业过程中井筒完整性》；2010 年，美国墨西哥湾海上发生震惊全球的 Macando 钻井平台漏油事故后，全球掀起了井完整性研究热潮，挪威、美国、英国等国均加快了井完整性研究的步伐，NORSOK D–010《钻井及作业过程中井筒完整性》(第四版)、《英国高温高压井井筒完整性指导意见》、《水力压裂井井完整性指导意见》、ISO/TS 16530–1《油气井完整性——全生命周期管理》、ISO/TS 16530–2《生产运行阶段的井完整性》等标准相继颁布并得到实施，有效地指导了相关油气井的安全勘探和开发。

 目前国内缺少一套系统的井完整性技术标准，而标准化是井完整性技术有效实施和推广的关键，国外标准主要针对海上油气井，对于中国石油高温高压及高含硫油气井，直接应用国外标准无法保证经济性和可实施性。鉴于此，中国石油勘探与生产分公司为加强高温高压及高含硫井从方案设计、钻井、试油、完井、生产到弃置全生命周期的各阶段和节点的井完整性管理，提高高温高压及高含硫井完整性管理水平，从源头上确保高温高压及高含硫井安全可控，2013年8月开始组织中国石油塔里木油田分公司、西南油气田分公司开展高温高压及高含硫井完整性规范的编制工作，分三年完成《高温高压及高含硫井完整性指南》《高温高压及高含硫井完整性设计准则》和《高温高压及高含硫井完整性管理规范》三部井完整性标准规范，并将其分三册作为丛书出版。

本丛书的作者均为中国石油井完整性领域的先行者，具有较高的理论水平和丰富的实践经验。丛书的面世为高温高压及高含硫井的设计、建井、试油、生产、检测和监控等各项主要工作或阶段提出最低要求和推荐做法，较详细地阐述了高温高压及高含硫井的钻井完整性设计、试油井完整性设计、完井投产井完整性设计和暂闭/弃置井完整性设计方法，对全生命周期内各阶段提出了井完整性管理原则和要求，是目前国内在高温高压及高含硫井井完整性方面编写的唯一标准体系，可有效指导国内油气能源行业现场操作。目前，井完整性标准系列在中国石油塔里木油田分公司和西南油气田分公司等单位开始初步推广应用，为高温高压及高含硫油气井设计、施工和管理提供了技术指导，有效保障了该类油气井全生命周期的井完整性。

本丛书充分借鉴了国际上井完整性的最新标准，结合中国石油在高温高压及高含硫井的实际情况和生产实践中的经验及行之有效的管理方法，涵盖内容全面，技术内容均经过了反复讨论和求证，准确度高。希望丛书能成为中国石油上游生产管理者、技术人员、科研人员必备工具书，在完善设计、安全作业、高效生产、工艺研究和培训教学中发挥重要作用。

2017年8月21日

前　　言

井完整性是一项综合运用技术、操作和组织管理的解决方案来降低井在全生命周期内地层流体不可控泄漏风险的综合技术，以达到减少和预防油气井事故发生，经济合理地保障油气井安全运行为目标。井完整性标准化是保证井完整性技术和管理有效实施的基础。《高温高压及高含硫井完整性设计准则》是《高温高压及高含硫井完整性规范丛书》的第二部，规范油气井全生命周期内的井完整性设计。

本书编写充分借鉴了国际上井完整性的最新标准，并结合中国石油在高温高压及高含硫井的实际情况和生产实践中的经验及行之有效的技术措施，经多次讨论修改，历时一年半完成。本书详细阐述了高温高压及高含硫井的钻井完整性设计、试油井完整性设计、完井投产井完整性设计和暂闭/弃置井完整性设计方法，包括设计基础、设计原则、设计基础资料获取、工艺设计、各阶段井屏障部件设计等内容，是高温高压及高含硫井完整性设计的指导手册。

本书包括5章内容，第1章由吴奇、杨向同、张福祥、张绍礼、邱金平、魏风奇、张仲宏、杨炳秀等编写；第2章由吴奇、毛蕴才、魏风奇、查永进、胥志雄、龙平、滕学清、杨成新、董仁、艾正青、马琰、蒋光强、耿东士、齐奉中、李勇、王孝亮、马勇、李美平、林凯、刘文红、刘爱萍等编写；第3章由郑新权、杨向同、张绍礼、邱金平、刘洪涛、乔雨、丁亮亮、秦世勇、周朗等编写；第4章由杨向同、张绍礼、邱金平、刘洪涛、曾努、乔雨、李玉飞、曾有信、刘祥康等编写；第5章由杨向同、张福祥、张绍礼、邱金平、丁亮亮完成编写。全书由张绍礼、杨向同统稿，吴奇、郑新权审定。

本书在编写与出版过程中，得到了中石油塔里木油田分公司、中石油西南油气田分公司、中国石油集团石油管工程技术研究院、西安石油大学等相关单位和院校的大力支持和帮助，在此一并感谢。

鉴于作者水平有限，加之时间仓促，书中难免存在错、漏、不当之处，恳切希望读者批评指正。

目　录

1 井完整性设计准则编制目的

1.1 井完整性设计的概念

目前国际上广泛接受的井完整性概念是综合运用技术、操作和组织管理的解决方案来降低井在全生命周期内地层流体不可控泄漏的风险。井完整性贯穿于油气井方案设计、钻井、试油、完井、生产到弃置的全生命周期，核心是在各阶段都必须建立两道有效的井屏障。井喷或严重泄漏都是由于井屏障失效导致的重大井完整性破坏事件。

井完整性设计是指在钻井、试油、完井投产和弃置阶段，通过开展作业前完整性评价、井屏障部件优化设计，制定井屏障部件的测试和监控方法、作业过程中各工序的井完整性控制和监控要求及各施工节点的井完整性评价方法等，建立合格、有效的井屏障，保障全生命周期内的钻井、试油、完井、弃置等不同阶段井的完整性。

1.2 井完整性设计技术现状

1.2.1 国外井完整性设计现状

目前越来越多的超深高温高压及高含硫油气井投入开发，钻井、试油、完井等作业复杂程度也不断增加，井筒失效事件越来越多，国外相关权威机构对井完整性失效事件做了大量调查研究。石油技术发达国家、国际上一些行业协会和标准化组织都相继制定、完善和发布了井完整性设计相关的推荐做法、指南、标准和法规。

2004 年，挪威国家石油公司 Snorre A 平台井喷事故后，NORSOK D–010 发布了第三版，提出了井屏障设计理念，各个油公司和作业者开始重视和使用该标准。2010 年，墨西哥湾 Macando 井喷事故后，NORSOK D–010 吸纳了行业对该事故提出的 450 条建议，修订发布了第四版，该标准被世界石油公司普遍采用，并作为井完整性设计的指导原则。英国能源协会在 2009 年发布了《高温高压井设计》，英国油气协会（Oil & Gas UK）在 2012 年发布了《暂停井和废弃井指导手册》，API 在 2013 年发布了《API17TR8 高温高压设计准则》，2015 年发布了《API RP 100-1 水力压裂井完整性和裂缝控制》。挪威的石油工业管理法规、石油设备设计和配置法规都提出了井屏障的设计和监控要求，英国的海上油田装置安全案例法规、井的设计和建造法规等都涉及井完整性相关的要求。目前国际上还有一些与井完整性设计相关的标准正在修订和制定中。

1.2.2　国内井完整性设计现状

2007 年 7 月，针对罗家 2 井地面冒气及其对周围居民安全的影响，在国家安监总局的组织下，西南石油大学借鉴国际上井完整性相关的规范和标准，引入井完整性设计、管理理念，开展含 H_2S 气田的井完整性及安全研究。

塔里木油田针对库车山前高压气井面临的众多挑战，以借鉴国外先进的井完整性设计理念为基础，持续开展了井完整性设计研究。（1）2005—2008 年，针对克拉 2 和迪那 2 气田多口高压气井环空异常高压问题，引入井完整性的概念，开展问题井风险评估工作，采用 API RP 90 标准进行各环空最大允许带压值计算，并制定治理措施；（2）2009—2011 年，针对迪那 2 气田多口井出现完整性问题，在进行广泛的井完整性国际调研的基础上，开展了全油田井完整性现状大调查，引用井完整性设计理念制定了相应的措施，保证了迪那 2 气田的安全高效开发；（3）2012—2016 年，针对大北、克深区块大规模建产后井完整性面临的新挑战，探索了一套以井屏障设计、测试和监控为基础井完整性设计技术。

西南油气田也非常重视井完整性设计相关工作。2008 年依托龙岗气田开展了一系列相关研究工作，并形成了一套"三高"气井完整性评价技术；2013—2016 年高效完成龙王庙气藏的试油、完井及开发建产工作；期间不断配套和完善了井完整性评价所需的各种设备和工具。2014 年发布 Q/SY XN 0428—2014《高温高压高酸性气井完整性评价技术规范》企业标准，2015 年"西南油气田井完整性管理系统"正式上线运行。

同时，大庆油田、吉林油田等结合自身油气田的特点，开展了相关的井完整性研究，并取得了一定的效果。

中国石油勘探与生产分公司结合相关油气田在高温高压及高含硫井完整性方面的技术需求和具体做法，于 2013 年 8 月提出在三年内完成《高温高压及高含硫井完整性指南》《高温高压及高含硫井完整性设计准则》《高温高压及高含硫井完整性管理》等井完整性技术规范。2015 年 6 月已完成《高温高压及高含硫井完整性指南》并下发执行，2016 年 5 月完成《高温高压及高含硫井完整性设计准则》，并开始了《高温高压及高含硫井完整性管理》的编制工作。

1.3　井完整性设计准则编制意义及内容

高温高压及高含硫井完整性问题是一个国际性难题，国际上各油公司、各大研究机构和服务公司都在致力于解决这一问题，挪威、英国等国家形成了系统的井完整性技术和配套标准。目前中国石油井完整性方面的技术要求和标准分散而且不全面，为提高高温高压及高含硫井完整性整体水平，从源头上确保高温高压及高含硫井安全可控，急需制定覆盖方案设计、钻井、试油、完井投产和弃置全过程的井完整性设计指导文件，用来规范和指导高温高压及高含硫井的钻井、试油、完井投产和弃置井完整性设计。井完整性设计准则从钻井、试油、完井投产到弃置等各阶段出发，从设计基本原则入手，首先，针对各阶段开始时的井况开展地层、井筒、井口三部分各井屏障部件完整性评价，作为后续设计和施工的基础；其次，开展各阶段设计，包括工艺选择与优化、井屏障部件选择、施工过程中的井屏障示意图绘制等内容，确定整体施工工艺、主要井屏障部件及相关要求；第三，通过开展所有的井屏障部件的适应性评价、强度校核等，完成相关井屏障部件的设计，并在此基础上制定主要井屏障部件的安装、测试和监控要求；第四，针对各作业工况特点，制定作业过程中的井完整性控制要求以及特殊井完整性设计要求。最后，通过对各井屏障部件进行科学的设计、严格的验证测试和有效的监控，及时了解井屏障部件状态，采取相应措施，确保各井屏障部件在整个作业期间及后续作业、生产、直至弃置全过程安全可靠。本设计准则的编制充分借鉴国际上井完整性的最新标准，结合中国石油在高温高压及高含硫井的具体实践，为高温高压及高含硫井的设计提出具体的规范、要求和推荐做法。

1.4 适用范围

本设计准则规定了高温高压及高含硫井从钻井、试油、完井到弃置全过程中关于井完整性设计的基本要求和推荐做法，暂不包含修井作业过程的井完整性设计。

本设计准则适用于高温高压及高含硫井的完整性设计，同时满足以下定义中任意两个条件的井应遵循本设计准则的要求：

（1）储层孔隙流体压力不小于 70MPa。

（2）储层温度不小于 150℃。

（3）储层 H_2S 含量不小于 $30g/m^3$。

（4）试油预测产气量或生产定产产气量大于 $20 \times 10^4 m^3/d$。

其他高温井、高压井、高产井、高含硫井应根据地质和工艺等条件分析论证是否参照执行本设计准则。

2 钻井完整性设计

钻井设计是钻井作业必须遵循的准则，是组织钻井生产和技术协作的基础。钻井设计的规范性、针对性、适用性关系到井全生命周期的完整性。依据《高温高压及高含硫井完整性指南》，在详细分析地质和工程资料、做好风险评估的基础上，开展高温高压及高含硫井钻井优化设计，重点做好井身结构、井控、钻井液、套管柱、固井等设计工作。从设计、准备、施工、检验等环节对井屏障部件严格把关，建立安全可靠的井屏障，确保各井屏障部件在钻井阶段及后期试油完井至油气井生产过程中的安全可靠。

2.1 设计基础

2.1.1 设计依据

高温高压及高含硫井钻井设计主要依据《钻井地质设计》《高温高压及高含硫井完整性指南》《探井钻井设计编制规范》和《开发井钻井设计编制规范》。

2.1.2 设计主要参考标准

下列文件为钻井阶段完整性设计的参考标准、规范资料，凡不注明日期的引用文件，参考其最新版本。

GB/T 5005《钻井液材料规范》

GB/T 10238《油井水泥》

GB/T 16782《油基钻井液现场测试程序》

GB/T 16783.1《水基钻井液现场测试程序》

GB/T 19139《油井水泥试验方法》

GB/T 19830《石油天然气工业　油气井套管或油管用钢管》

GB/T 20656《石油天然气工业　新套管、油管和平端钻杆现场检验》

GB/T 20657《石油天然气工业　套管、油管、钻杆和用作套管或油管的管线管性能公式及计算》

GB/T 20972.1《石油天然气工业　油气开采中用于含硫化氢环境的材料　第 1 部分：选择抗裂纹材料的一般原则》

GB/T 20972.2《石油天然气工业　油气开采中用于含硫化氢环境的材料　第 1 部分：抗开裂碳钢、低合金钢和铸铁》

GB/T 20972.3《石油天然气工业　油气开采中用于含硫化氢环境的材料　第 1 部分：抗开裂耐蚀合金和其他合金》

GB/T 22513《石油天然气工业　钻井和采油设备井口装置和采油树》

GB/T 23512《石油天然气工业　套管、油管、管线管和钻柱构件用螺纹脂的评价与试验》

GB/T 31033《石油天然气钻井井控技术规范》

SY/T 5053.2《钻井井口控制设备及分流设备控制系统规范》

SY/T 5087《含硫化氢油气井安全钻井推荐作法》

SY/T 5088《钻井井身质量控制规范》

SY/T 5374.1《固井作业规程　第 1 部分：常规固井》

SY/T 5374.2《固井作业规程　第 2 部分：特殊固井》

SY/T 5412《下套管作业规程》

SY/T 5431《井身结构设计方法》

SY/T 5435《定向井轨道设计与轨迹计算》

SY/T 5467《套管柱试压规范》

SY/T 5480《固井设计规范》

SY/T 5623《地层压力预（监）测方法》

SY/T 5724《套管柱结构与强度设计》

SY/T 5731《套管柱井口悬挂载荷计算方法》

SY/T 5792《侧钻井施工作业及完井工艺要求》

SY/T 5964《钻井井控装置组合配套、安装调试与维护》

SY/T 6160《防喷器的检查和维修》

SY/T 6268《套管和油管选用推荐作法》

SY/T 6332《定向井轨迹控制》

SY/T 6396《丛式井平台布置及井眼防碰技术要求》

SY/T 6426《钻井井控技术规程》

SY/T 6543《欠平衡钻井技术规范》

SY/T 6544《油井水泥浆性能要求》

SY/T 6592《固井质量评价方法》

SY/T 6616《含硫油气井钻井井控装置配套、安装和使用规范》

SY/T 6789《套管头使用规范》

SY/T 7018《控压钻井系统》

SY/T 7026《油气井管柱完整性管理》

Q/SY 1052《石油钻井井身质量控制规范》

Q/SY 1063.2《欠平衡钻井技术规范（装置与工具的配备、安装及调试)》

Q/SY 1408《水基钻井液抑制性和抗盐、抗钙污染性评价方法》

Q/SY 1552《钻井井控技术规范》

Q/SY 1630《控压钻井操作规程》

《中国石油天然气集团公司钻井液技术规范（试行)》

《中国石油天然气集团公司石油与天然气钻井井控规定》

《储气库固井韧性水泥技术要求（试行)》

《固井技术规定》

《中国石油集团固井技术规范》

《高压、酸性天然气井固井技术规范》

2.2 设计原则

在符合当地法律、法规，满足健康、安全、环境体系管理要求的基础上，依据钻井地质设计开展钻井工程设计。基于井屏障完整性考虑，应遵循以下原则：明确地质要求，充分分析地质和工程的风险点，评价其风险大小，优化各井屏障部件的设计，对施工过程提出质量控制要求，并进行完整性评价和验证，保证钻井期间的井完整性以及钻井期间建立的井屏障部件全生命周期的有效完整。

2.3 井屏障构成

钻井期间是井屏障建立的关键阶段，典型井屏障构成如下：

（1）常规表层钻井时，钻井液为唯一的井屏障，如图 2-1 所示。有导流井口时，导流井口可在一定程度上与钻井液一起作为井屏障。

（2）钻进、起下钻具等作业时，钻井液为第一井屏障，地层、套管、固井水泥环、套管头、套管挂及密封、钻井四通、防喷器组、内防喷工具、钻柱共同组成第二井屏障，如图 2-2 所示。

（3）下套管、固井作业时，钻井液、水泥浆、水泥塞为第一井屏障，地层、套管、固井水泥环、套管头、套管挂及密封、钻井四通、防喷器组、待固井套管、套管浮箍共同组成第二井屏障。

（4）空井状态下，钻井液为第一井屏障，地层、套管、固井水泥环、套管头、套管挂及密封、钻井四通、防喷器组共同组成第二井屏障，如图 2-3 所示。

（5）测井作业时，钻井液为第一井屏障，地层、套管、固井水泥环、套管头、套管挂及密封、钻井四通、防喷器组共同组成第二井屏障。

（6）欠平衡钻井作业时，钻井液、套管、固井水泥环、套管头、套管挂及密封、钻井四通、防喷器组、旋转防喷器（旋转控制头）、节流阀、钻柱、单流阀共同组成第一井屏障，地层、套管、固井水泥环、套管头、套管挂及密封、钻井四通、防喷器组、内防喷工具共同组成第二井屏障，如图 2-4 所示。

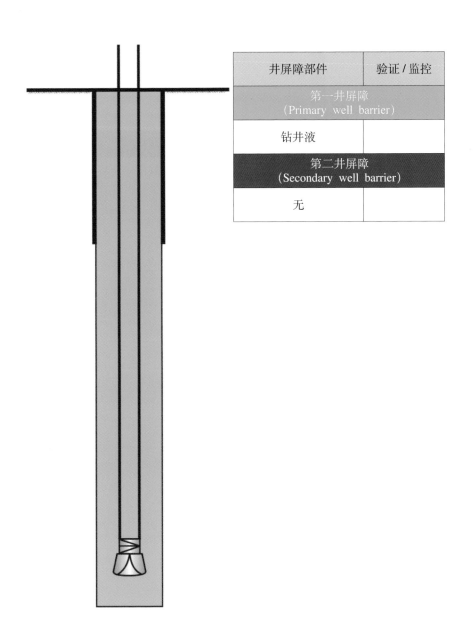

井屏障部件	验证/监控
第一井屏障 (Primary well barrier)	
钻井液	
第二井屏障 (Secondary well barrier)	
无	

图 2-1 表层钻进（未装导流器）井屏障示意图

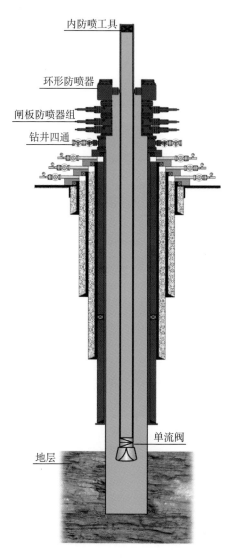

井屏障部件	验证 / 监控
第一井屏障（Primary well barrier）	
钻井液	
第二井屏障（Secondary well barrier）	
地层	
套管	
固井水泥环	
套管头	
套管挂及密封	
钻井四通	
防喷器组	
内防喷工具	
钻柱	

图 2-2　钻进、起下钻具等作业井屏障示意图

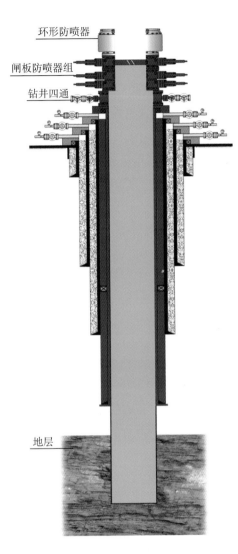

井屏障部件	验证 / 监控
第一井屏障 (Primary well barrier)	
钻井液	
第二井屏障 (Secondary well barrier)	
地层	
套管	
固井水泥环	
套管头	
套管挂及密封	
钻井四通	
防喷器组	

图 2-3　空井状态下的井屏障示意图

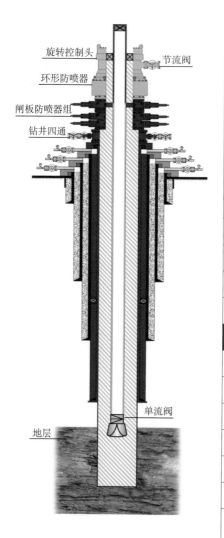

井屏障部件	验证 / 监控
第一井屏障（Primary well barrier）	
钻井液	
套管	共用井屏障部件
固井水泥环	共用井屏障部件
套管头	共用井屏障部件
套管挂及密封	共用井屏障部件
钻井四通	共用井屏障部件
防喷器组	防喷器剪切闸板以下本体是共用井屏障部件
旋转控制头	
节流阀	
钻柱	
单流阀	
第二井屏障（Secondary well barrier）	
地层	
套管	共用井屏障部件
固井水泥环	共用井屏障部件
套管头	共用井屏障部件
套管挂及密封	共用井屏障部件
钻井四通	共用井屏障部件
防喷器组	防喷器剪切闸板以下本体是共用井屏障部件
内防喷工具	

图2-4 欠平衡钻井井屏障示意图

2.4 资料分析

2.4.1 地质资料分析

地质资料是制定钻井方案、钻井工艺和技术措施的基础和依据，应分析研究区域内的地震、地质、测井、测试等相关资料，包括但不限于以下内容：

（1）构造特征：分析区域内构造特征、展布、演化、走向及高陡构造、地层倾角、断层、断裂等基本特征。

（2）地层预测：分析可能钻遇地层的岩性、厚度、产状、沉积相、分层特性；重点分析可能影响井完整性的石膏层、盐层、浅气层、油气层、近地表淡水层、高压水层、煤层、断层、破碎性地层、缝洞型地层等特殊地层。

（3）地质任务：明确地质任务及钻井的主要目的层，保证钻井技术方案满足实现地质目的。

（4）压力预测。

①分析区域内实测地层孔隙压力、破裂压力和实钻钻井液密度。

②根据地震层速度资料，结合邻区或邻井测井、钻井、测试资料进行地层压力预测，并注明压力预测的方法。

③对于非均质性强的压力异常区、盐膏层等塑性地层发育区和破碎地层带等地区的井，还应开展地层坍塌压力分析。

④对于纵向上存在多压力系统，应详细评估各油气水层的压力情况，从构造位置、井间距离、连通情况、开采程度等方面进行压力分析，提高预测精度。

⑤分析区块注采井注采深度、动态压力、注采量等对原始地层压力系统改变的情况，为停注、放压提供依据。

塔里木油田、西南油气田典型井三压力剖面图如图 2-5、图 2-6 所示。

（5）温度预测：分析区域内测温成果，预测设计井的温度剖面、后期开发阶段井筒温度变化及分布，为钻井液、水泥浆体系确定以及套管强度校核等提供依据。

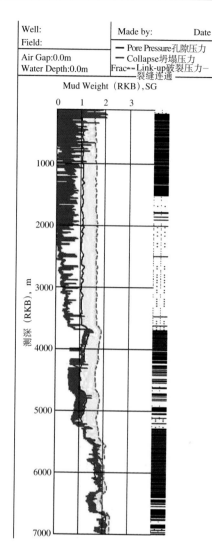

图 2-5　塔里木油田 × 井地层
三压力剖面图

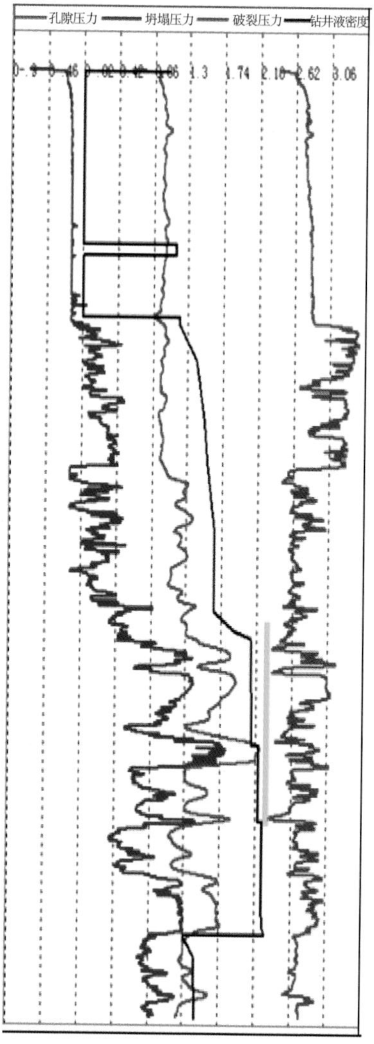

图 2-6　西南油气田 × 井地层
三压力钻剖面图

　　（6）地层流体：分析地层含油、气、水情况，注明邻井测
试取得的油、气、水的产量、成分。

　　（7）腐蚀环境：分析区域内腐蚀环境、管材腐蚀失效等情况，
为套管、钻井液、水泥浆、钻具、井口的选择与防护提供依据。
包括但不限于：

①邻井含 H_2S、CO_2 的地层，H_2S、CO_2 含量与分压。

②邻井采油、采气含水情况及地层水的 pH 值及氯离子、钙镁离子等含量。

③邻井使用管材、套管头等防腐蚀措施及腐蚀情况。

（8）井场环境：掌握井场周边人居环境、地表高差、河流底部深度、溶洞、浅层水（气）分布、地下矿产采掘区开采层深度及走向等情况。

2.4.2 钻井资料分析

钻井设计前应全面分析邻井钻完井资料，从井身结构、钻井工艺、钻井液、套管及固井、井控等方面分析钻井风险与难点，重点关注溢流、井漏等复杂情况、固井质量、管材失效、环空异常带压等资料，为钻井设计提供针对性依据。

（1）井身结构。

应综合考虑工程地质风险、开发及特殊作业需求，评价邻井的井身结构合理性，重点分析以下内容：

①根据邻井实钻溢流、井漏等复杂情况对完整性造成的风险，同时考虑地层变化及预测精度影响，评价必封点选择是否合理。

②邻井的地层破裂压力试验、地层承压能力试验情况。

③浅气层、近地表淡水层、纵向上多压力层系对井身结构的影响。

④邻井套管规格对水泥返深、套管强度、套管安全下入和固井质量的影响，以及是否满足后续钻、完井与生产作业要求。

⑤邻井井身结构是否满足欠平衡等特殊工艺要求。

⑥邻井不同井身结构经济技术指标对比。

（2）环空异常带压情况。

区域内环空异常带压情况及其原因。

（3）井身质量。

①邻井井身质量是否满足套管与完井管柱顺利下入。

②邻井井眼轨迹对井眼防碰的影响。

③深井、定向井、水平井中钻具对井屏障部件磨损情况。

④邻井井径扩大对固井质量的影响。

⑤钻具组合、钻井参数、钻井工艺措施是否满足井身质量控制要求。

（4）固井质量。

①邻井井底压力、温度和地层流体及水泥浆体系、性能及施工参数。

②邻井井眼条件及套管居中情况。

③邻井注水泥施工过程中的复杂情况。

④邻井水泥胶结质量情况及长期密封有效性，包括油气水层封隔情况、环空气（水）窜等。

⑤邻井采取的固井质量补救措施。

（5）套管。

①腐蚀性流体对套管的腐蚀情况。

②高温对套管强度的影响。

③套管柱试压情况及螺纹密封性评价。

④套损、套管附件失效情况。

（6）钻井液。

①钻井液体系对高温的适应性。

②钻井液密度使用情况。

③出现 H_2S、HCO_3^-、盐水、石膏等情况。

（7）井口装置。

①压力级别是否与地层压力相匹配。

②材质是否满足地层流体及温度的要求。

③井口装置组合及通径是否适应钻井阶段各项作业要求。

④井口装置磨损、冲蚀情况及井口装置密封件可靠性。

（8）溢漏情况。

分析邻井溢漏复杂情况、防漏治漏措施及效果。

（9）老井加深、侧钻。

对于老井加深、侧钻，在分析以上资料的基础上，还应收集分析老井钻、完井资料，进行已钻井眼井完整性评估：

①分析老井水泥返高、固井质量、管材失效和射孔情况。若有井下管柱，应明确管串结构、封隔器位置。

②明确地下流体性质，尤其是含硫情况。

③核查环空带压情况。

2.5 井身结构设计与井身质量要求

井身结构设计是钻井工程设计的基础，应在全面分析相关基础资料、地层三压力剖面的基础上，综合考虑工程与地质风险、采油（气）需求以及整体开发方案，以全生命周期井完整性为原则，合理确定井身结构。基本原则如下：

（1）表层套管应封固地表水及地表疏松地层。

（2）有利于发现、认识和保护油气层，减少钻井液对不同压力系数油气层的伤害。

（3）减少漏、喷、塌、卡、阻等复杂与事故。

（4）探井设计要考虑地质不确定因素导致的增加套管层次的需要。

2.5.1 设计依据

（1）地质、地层条件。

①地层孔隙压力、破裂压力及坍塌压力剖面。

②地层岩性剖面，特别是复杂地层的情况。

③井场周边环境：地表高差、水源分布情况、河流河床底部深度、溶洞、地下淡水层底部深度、矿产采掘井矿井坑道等。

④流沙层、山体滑坡、垮塌堆积体、表层风化体等。

（2）完井方式和油层套管尺寸要求。

（3）同区块邻井、相邻区块参考井的实钻资料，开发调整井的注水（气）层位深度、注污（污水、岩屑等）层位深度。

（4）钻井装备及工艺技术水平。

2.5.2 套管层次与下深

套管层次与下深应依据三压力剖面及保护油气层的需要，

综合考虑必封点、安全裸眼井段约束条件和溢流关井时的井口安全关井余量，按安全、经济原则进行设计。

2.5.2.1　必封点选择

（1）应根据地质、工程风险分析评估结果和三压力剖面，确定合理的必封点和套管下深，避免由于风险点漏封、错封而导致的井完整性风险。

（2）必封点选择考虑的因素。

①同一裸眼井段不宜存在压力系数相差过大的多套压力系统。

②考虑井场周边地表高差、地下淡水层底部深度、浅层气、溶洞所在层位。

③易坍塌地层、煤层、塑性地层（盐层、盐膏层、软泥岩）等。

④裂缝溶洞型、开放断层、破裂带、垮塌堆积体、表层风化体、不整合交界面型漏失地层。

⑤对于存在浅层气的井，表层套管原则上应下至浅气层顶部。

⑥地下矿产采掘区钻井，井筒与采掘坑道、矿井坑道之间的距离不少于 100m，套管下深封住开采层并超过开采层 100m。

⑦含 H_2S 等有毒有害气体的地层。

⑧欠平衡钻井等特殊工艺技术要求。

（3）应以技术可行、安全可靠、经济合理为原则，对潜在"风险点"从钻井工艺措施方面提出解决方案，在现有工艺技术满足的前提下，确定必封点，每个必封点原则上应采用一层套管封隔。

（4）对于复杂地质条件和地质信息存在不确定性的井，应充分考虑不可预测因素，留有一层备用套管。

2.5.2.2　安全裸眼井段约束条件

裸眼井段钻进或固井时应满足防止井涌、井壁坍塌、压裂地层、压差卡钻或卡套管等要求。

（1）防止井涌：采用近平衡钻井时，钻井液密度应不小于裸眼井段的最大地层孔隙压力当量密度加上钻井液密度附加值。

（2）防止井壁坍塌：钻井液当量密度宜不小于裸眼井段最大坍塌压力当量密度。

（3）防止正常作业压裂地层：最大当量钻井液密度宜不大于裸眼井段最小安全地层破裂压力当量密度。

（4）防止溢流关井压裂地层：发生溢流关井时的压力当量密度应不大于该井深处的安全地层破裂压力当量密度。

（5）防止压差卡钻：钻井或下套管作业过程中，原则上控制裸眼井段内钻井液液柱压力与地层孔隙压力最大压差不大于压差卡钻允许值。

（6）平衡压固井：固井全过程中环空液柱压力始终大于地层孔隙压力、小于地层漏失和破裂压力。

2.5.3　井眼与套管尺寸

（1）确定套管与井眼配合尺寸应由内向外逐层依次进行。首先确定生产套管尺寸，再确定下入生产套管的井眼尺寸，然后确定各层技术套管尺寸及相对应的井眼尺寸，直到表层套管的井眼尺寸，最后确定导管尺寸。

（2）生产套管尺寸应满足测试、改造工艺和油气藏勘探开发需求。对于生产井，根据储层的产能、完井管柱、增产措施及井下作业等要求确定生产套管尺寸；对于探井，井眼尺寸应满足顺利钻达设计目的层以及勘探对目的层井眼尺寸的要求。

（3）套管与井眼（钻头尺寸）间隙应保证套管安全下入，并满足水泥环密封完整性的要求。特殊情况下可采用无接箍或小接箍套管。

（4）每一层套管壁厚与通径设计应满足下一开钻头或工具安全下入。

（5）封隔外挤载荷较大的井段时，优先考虑使用低径厚比套管。

（6）常规套管与井眼尺寸配合选择路径如图 2-7 所示。

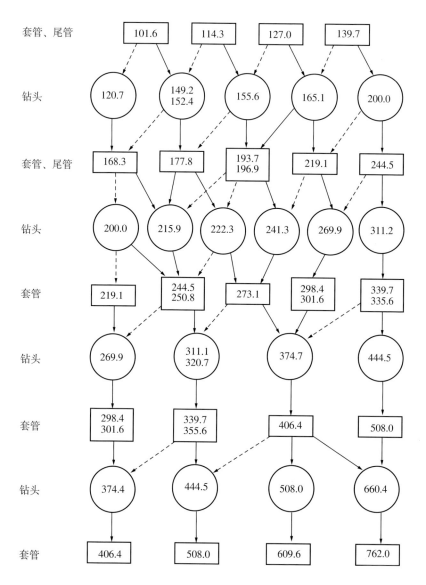

图 2-7　套管与井眼尺寸选择路径

（7）非标套管和井眼尺寸配合应以安全、经济为原则，综合考虑套管通径、井眼尺寸与套管外径的间隙、套管承载能力、套管安全下入、保障固井施工安全等要求。

2.5.4 井身质量要求

井身质量要求是钻井设计重要内容,包括井斜与位移要求、井径扩大率要求、固井质量要求等指标。

(1)对于直井,井斜是重要指标,除井斜不超标外,全角变化率不超标准规定,井底位移满足地质要求。垂直井的井斜角及井底水平位移控制要求见表2—1,垂直井分井段全角变化率控制要求见表2—2,防磨、减阻及地质任务有特殊要求时,可提出高于标准的要求。

表2—1 垂直井井斜角及水平位移控制范围

探井			开发井	
井深,m	井斜角,(°)	井底水平位移,m	井深,m	井底水平位移,m
≤ 500	≤ 2	≤ 10	≤ 500	≤ 15
≤ 1000	≤ 3	≤ 30	≤ 1000	≤ 30
≤ 2000	≤ 5	≤ 50	≤ 1500	≤ 40
≤ 3000	≤ 7	≤ 80	≤ 2000	≤ 50
≤ 4000	≤ 9	≤ 120	≤ 2500	≤ 60
≤ 5000	≤ 11	≤ 160	≤ 3000	≤ 70
≤ 6000	≤ 12	≤ 200	≤ 3500	≤ 80
≤ 7000	≤ 13	≤ 240	≤ 4000	≤ 90
≤ 8000	≤ 13	≤ 290	≤ 4500	≤ 100
≤ 9000	≤ 13	≤ 350	≤ 5000	≤ 120
			≤ 5500	≤ 135
			≤ 6000	≤ 150
			>6000	≤ 180

注: (1)有特殊情况或特殊要求的井或井段应在设计中注明。

(2)对水平位移有特殊要求的井或井段应在设计中注明。

表 2-2　垂直井全角变化率控制要求　(°)

井深, m	井段, m						
	≤ 1000	≤ 2000	≤ 3000	≤ 4000	≤ 5000	≤ 6000	>6000
≤ 1000	≤ 2.00						
≤ 2000	≤ 1.75	≤ 2.25					
≤ 3000	≤ 1.50	≤ 2.00	≤ 2.50				
≤ 4000	≤ 1.50	≤ 1.75	≤ 2.25	≤ 2.75			
≤ 5000	≤ 1.25	≤ 1.75	≤ 2.00	≤ 2.50	≤ 3.00		
≤ 6000	≤ 1.25	≤ 1.50	≤ 2.00	≤ 2.25	≤ 2.50	≤ 3.25	
>6000	≤ 1.25	≤ 1.50	≤ 1.75	≤ 2.25	≤ 2.75	≤ 3.25	≤ 3.50

注：有特殊要求的井或井段应在设计中注明。

（2）水平井、定向井严格根据勘探与开发要求设计井眼轨迹。

（3）井径扩大率对于减少事故复杂、提高电测资料质量、提高固井质量非常重要。高压气井全井非目的层井段，平均井径扩大率不大于 15%，目的层井段平均井径扩大率不大于 10%。

（4）固井质量要求：

①对于生产套管固井，水泥胶结质量中等以上井段应达到应封固段长度的 70%。

②对于封固盖层的套管，盖层段固井质量连续优质水泥段不小于 25m，且泥胶结中等以上井段不小于 70%。

③油气水层段、尾管重合段、上层套管鞋处、上层套管分级箍处及其以上 25m 环空范围内应形成具有密封性能的连续胶结中等以上的水泥环，其余井段环空至少应形成纵向上比较连续的、其声幅值不超过无水泥井段套管声幅值 50% 的水泥环。

2.6　套管柱设计

套管柱是避免地层和井筒内流体互窜的重要井屏障部件，

主要由套管和套管附件组成。套管柱的设计应考虑材质、接头类型、强度等因素，满足钻完井作业、油气井长期安全运行对井筒密封完整性的要求，具备一定的承载余量，同时考虑经济性。

2.6.1　套管材质

含有腐蚀介质井的套管材质选择，应综合考虑压力、温度、载荷和环境介质等各种因素影响，以安全、经济为原则选择套管材质，明确提出材质的抗腐蚀要求，保证套管柱在全生命周期内安全可靠。

2.6.1.1　腐蚀影响因素

（1）水的存在与否是进行套管腐蚀分析的前提条件。

（2）管材冶金特性：化学成分、制造方法，产品形状、硬度及其局部的变化、冷加工量、热处理状态、微观组织及其均匀性。

（3）服役环境：H_2S 分压、CO_2 分压、溶解的氯化物或其他卤化物浓度、水相中原位 pH 值、硫或其他氧化剂的存在、暴露温度、总应力（外加的应力和残余应力）、暴露时间、电偶效应、暴露于非开采流体。

2.6.1.2　腐蚀类型

（1）H_2S 环境下的环境敏感开裂，包括应力腐蚀开裂、氢致开裂等。

（2）失重腐蚀，包括全面腐蚀、点蚀和缝隙腐蚀等。

（3）碳钢和低合金钢套管在含 CO_2/H_2S 酸性环境中可能会发生的腐蚀类型见表 2–3。

表 2–3　碳钢和低合金钢套管在含 CO_2/H_2S 介质酸性环境中的腐蚀类型

CO_2 分压，MPa	H_2S 分压，kPa	腐蚀类型	腐蚀严重程度
＜ 0.05		失重腐蚀（MLC），硫化物应力开裂（SSC），氢致开裂 / 阶梯型裂纹（HIC/SWC），应力定向氢致开裂 / 软区开裂（SOHIC/SZC）	轻微
0.05 ～ 0.21	≥ 0.34		较轻
＞ 0.21			中等—严重

2.6.1.3 套管选材

应考虑 H_2S、CO_2 分压以及地层水 Cl^- 含量等腐蚀因素的影响，参照类似环境的腐蚀实验结果或应用效果选择合适的套管材质。选材原则如下：

（1）含 H_2S 气体地层应根据 H_2S 含量，选择满足抗硫化物应力开裂性能的套管材质。

①当 H_2S 分压小于 0.34kPa 时，可不考虑 H_2S 腐蚀的影响。

②当 H_2S 分压大于等于 0.34kPa 且小于 0.01MPa 时，可选用通过相应腐蚀工况评价的高铬钢。

③当 H_2S 分压不小于 0.01MPa 时，应开展抗硫化物应力开裂适应性评价。可选用通过相应腐蚀工况评价的镍钼合金钢等耐蚀材质。

④套管选材时应考虑温度对硫化物应力腐蚀开裂的影响。在井下温度高于 93℃ 以深的井段可考虑不使用抗硫套管。

⑤当采用强度超过 140KSI**❶**的套管时，即使无硫化物出现，也可能产生裂纹。

（2）含 CO_2 气体地层应根据 CO_2 含量，选择满足抗全面腐蚀和点蚀要求的套管材质。

①当 CO_2 分压小于 0.021MPa 时，宜选用一般的碳钢或低合金钢。

②当 CO_2 分压不小于 0.021MPa 时，可选用通过相应腐蚀工况评价的铬钢或镍钼合金钢等耐蚀材质。

（3）当同时含有 H_2S、CO_2、Cl^- 等腐蚀介质时，地层水中 Cl^- 浓度大于 30000mg/L 时，需要根据模拟工况的腐蚀评价结果选择不同耐蚀合金钢。

（4）腐蚀环境下混用不同材质套管或不同厂家的同钢级套管时，应评价电偶腐蚀对混用套管的影响。

（5）应在参考厂家提供的选材图版基础上，综合室内评价试验、现场应用效果，合理选择套管材质。常用套管依据环境

---

❶ KSI—英制机械强度单位，1KSI=6.895MPa

选用流程如图 2–8 所示。

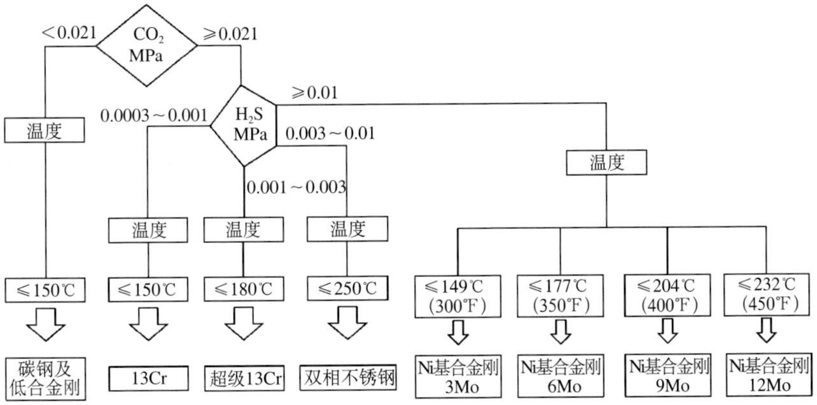

图 2–8　常用套管依据环境选用流程图

2.6.1.4　防腐控制

（1）可采取耐蚀合金套管控制失重腐蚀，也可采取加注缓蚀剂等措施降低套管腐蚀速率。

（2）各油田根据产量、生产井寿命和经济效益，综合评估选择管材或防腐措施，以便将失重腐蚀速率控制在可接受范围内。腐蚀程度控制指标见表 2–4。

表 2–4　腐蚀程度控制指标

腐蚀速率分类	均匀腐蚀速率，mm/a	点腐蚀速率，mm/a
轻度腐蚀	＜ 0.025	＜ 0.127
中度腐蚀	0.025 ～ 0.125	0.127 ～ 0.201
严重腐蚀	0.126 ～ 0.254	0.202 ～ 0.381
极严重腐蚀	＞ 0.254	＞ 0.381

2.6.2　套管螺纹接头

2.6.2.1　扣型选用原则

（1）气井生产套管应选用气密封螺纹接头，其上一层技术套管宜选用气密封螺纹接头。

（2）应保证套管螺纹接头在各种应力条件下的密封完整性。优先选用接头压缩效率和拉伸效率达到 100% 的特殊螺纹接头套管。

（3）套管螺纹接头强度应满足最小安全系数要求。

2.6.2.2　扣型评价方法

（1）高压气井使用的特殊螺纹接头套管首次使用前应通过第三方四级评价试验。

（2）特殊服役条件选用的特殊螺纹接头套管，应依据实际工况提出附加试验条件进行试验。附加试验条件应明确提出抗粘扣、复合承载能力、密封性能及耐蚀性的要求。包括但不限于如下要求：

①对温度超过 180℃ 的油气井所用的螺纹接头需要附加试验。

② H_2S 分压不小于 0.34kPa 的井所用的螺纹接头，如果考虑接头脆化问题，应对酸性环境中的接头进行附加试验。

③套管内螺纹接头应进行镀铜或磷化处理。表面处理层应均匀完整，不得有脱落和变色。

④使用无接箍式套管时，应进行论证和评价试验。

2.6.3　套管强度

各层次套管设计参照 SY/T 5724《套管柱结构与强度设计》，并考虑高温高压高含硫井的特点，满足钻井、固井、完井、测试、增产、生产、关井等各种工况对套管强度的要求。

2.6.3.1　套管强度设计流程

套管强度设计流程如图 2-9 所示。

2.6.3.2　设计载荷条件

套管强度设计除应考虑钻井、完井、试油、增产、生产与关井过程中外挤、内压、拉伸和压缩载荷外，还应考虑温度、弯曲、屈曲等影响。

（1）套管抗外挤强度。取以下各种工况下的最大外挤载荷。

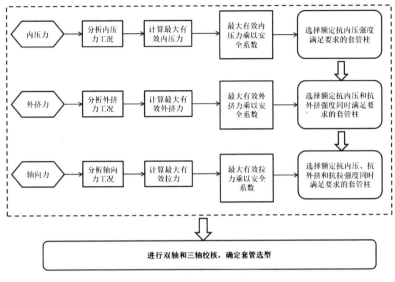

图 2-9　套管强度设计流程图

①固井期间。

a. 下套管时掏空；

b. 长封固段时水泥全部进入环空后因与顶替液密度差引起的外挤载荷；

c. 反挤水泥施加的压力；

d. 环空憋压候凝对水泥环施加的压力；

e. 坐挂套管时卡瓦对套管的外挤。

②钻进期间。

a. 塑性地层蠕变；

b. 下一次开钻时钻井液密度降低；

c. 严重井漏导致井内液面降低；

d. 起钻速度过快引起拔活塞效应；

e. 井筒内充满地层流体；

f. 气体钻井。

③测试、增产、生产期间。

a. 管内掏空；

b. 密闭环形空间温度升高引起环空压力增大（APB 效应）；

c. 射孔时瞬时动态负压；

d. 生产后期产层压力衰竭，套管内没有平衡压力；

e. 生产时地层流体密度较低，导致封隔器以下压力低于套管外压力。

（2）套管抗内压强度。取以下各种工况下的最大内压载荷。

①固井期间。

注水泥碰压及碰压后立即对套管试压引起的最高内压力。

②钻进期间。

a. 管内外密度差；

b. 测固井质量后对套管试压；

c. 地破试验；

d. 发生溢流时的最高关井压力；

e. 循环压耗引起附加压力；

f. 岩屑上返对环空钻井液密度的影响（ECD）。

③测试、生产、关井期间。

a. 测试关井恢复压力；

b. 生产初期油管顶部泄漏，导致生产层压力施加到井口；

c. 压裂增产期间：工作液和井口施工压力对套管施加的内压力。

（3）套管抗拉强度。取以下各种工况的最大拉伸载荷。

①固井期间。

a. 套管的浮重；

b. 下套管时井漏；

c. 下套管刹车时的冲击载荷；

d. 处理套管阻卡时的过提拉力；

e. 水泥浆全部注入管内以及此时泵压增加的轴向力；

f. 碰压时给套管施加的附加拉伸载荷。

②钻进、测试、压裂增产、生产期间温度效应引起管柱轴向力变化。

（4）温度对套管性能影响。

　　套管强度校核时应考虑温度对管材强度降低的影响，套管订货时应要求厂商提供温度与材料强度关系曲线。温度对套管强度影响趋势如图 2-10 至图 2-13 所示。

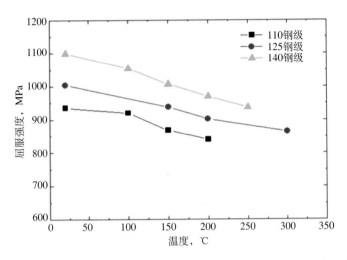

图 2-10　110 钢级、125 钢级和 140 钢级套管材料屈服强度随温度变化

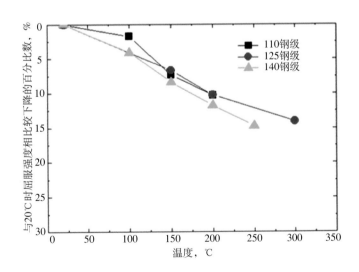

图 2-11　110 钢级、125 钢级和 140 钢级套管材料屈服强度下降百分比

　　(5) 井眼曲率。

　　分析轴向载荷时应考虑套管弯曲引起的附加应力。推荐直井取 1°/30m，斜井按设计的全角变化率附加 1°/30m。

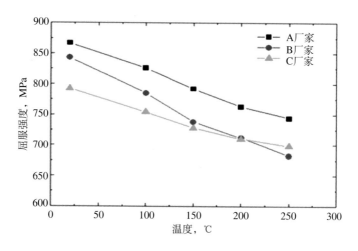

图 2−12　不同管厂超级 13Cr 110 钢级材料屈服强度随温度变化

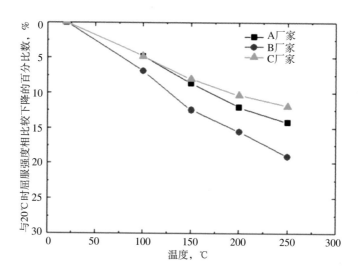

图 2−13　不同管厂超级 13Cr 110 钢级材料材料屈服强度下降百分比

（6）屈曲。

应考虑自由段套管屈曲失稳的可能性。套管屈曲的形式包括受压缩情况下套管柱的轴向正弦或螺旋弯曲，以及套管横截面的鼓胀等径向变形。引起管柱屈曲失稳的主要因素包括：管柱内外流体密度变化、管柱内和 / 或外井口施加压力变化、井筒温度变化、轴向载荷变化等。

2.6.3.3　套管强度校核

（1）校核条件

在开展套管柱强度校核时，应根据不同的套管层次，依据 SY/T 5724《套管柱结构与强度设计》，对相应工况下的校核条件进行具体考虑。

（2）安全系数

套管设计采用等安全系数法，并进行三轴应力校核，推荐设计安全系数见表 2-5。

表 2-5　套管设计安全系数推荐表

参　数	安全系数	备　注
抗内压	1.05 ～ 1.15	
抗外挤	1.00 ～ 1.125	考虑轴向力影响
抗拉	1.6 ～ 2.0	
三轴应力	1.25	

（3）套管进行三轴应力校核，形成三轴应力校核图，标示各种风险工况载荷点。如图 2-14 所示。

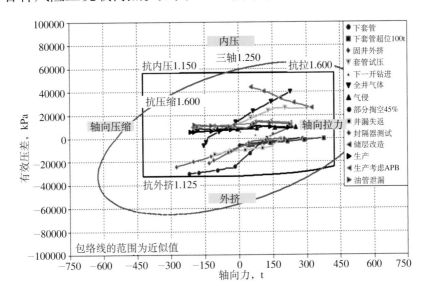

图 2-14　套管强度三轴应力校核图

2.6.4　套管剩余强度分析

2.6.4.1　计算依据

套管发生磨损、腐蚀等影响套管强度的情况时，可参考 Q/SY 1486《地下储气库套管柱安全评价》进行剩余强度评价。

2.6.4.2　原则

（1）钻井设计时根据预期的钻井时间进行套管磨损预测。根据挂片试验结果，结合套管的腐蚀情况，进行套管剩余壁厚预测。

（2）疑似套管强度不满足时，应进行套管内径、壁厚测井，获得各井段套管的几何尺寸参数，对已损伤套管柱进行套管剩余强度计算，并给出剩余安全系数。

2.6.4.3　计算程序和方法

（1）按照测井结果，获得各井段的在役套管的几何尺寸参数，包括井口、井底及其他最危险处的套管实测最小壁厚、套管直径等，计算相应的套管管体壁厚不均度和椭圆度。

（2）在役套管强度计算与分析，主要计算剩余抗内压强度和抗外挤强度。

（3）载荷分析与计算，主要计算有效内压力和有效外压力。

（4）计算实际剩余安全系数。

2.6.5　套管防磨

套管防磨应遵循预防为主的原则。钻井工程设计时应考虑套管的磨损允量，保证套管磨损后各项强度指标满足要求。进行磨损预测，并提出钻井及后期作业减少套管磨损的技术措施。

2.6.5.1　磨损预测分析

（1）依据套管性能参数、钻具组合、钻井参数、井眼轨迹、下开次预计工期等参数进行套管磨损预测。

①应着重考虑井斜与全角变化率对套管磨损的影响，并提出钻井及后期作业减少套管磨损的技术措施。

②利用防磨分析软件计算不同工况下钻柱对套管的侧向力大小，预测套管的磨损情况。

③施工中，应根据返出铁屑和钻杆磨损的情况，监测井下套管的磨损，并结合专业软件分析、套管测井等方式，评估套管磨损程度。

（2）利用套管磨损分析软件计算套管磨损后剩余强度值，若套管剩余强度不满足设计工况使用，应采取相应处理措施。

2.6.5.2 防磨措施

（1）技术套管应采取防磨措施，生产套管固井后若继续钻井作业应采取防磨措施。

（2）在大斜度井、大位移井和水平井设计中，通过优选造斜点、优化井眼轨迹，降低侧向力，减少井眼不规则对套管造成的磨损。

（3）加强实钻井眼轨迹跟踪，做好丛式井及相距较近井的防碰工作。

（4）针对地质预测的高陡构造等易斜地层，应采取垂直钻井等成熟有效的防斜工具和技术措施。

（5）在磨损风险高的井段加强防磨措施：

①井眼质量差、全角变化率大的井段，应使用钻杆胶皮护箍等防磨工具和防磨技术，减轻对套管的磨损。

②利用软件计算模拟结果，优选防磨工具，优化安放位置。

（6）尽量采用井底动力钻具钻进，最大限度减小钻具与套管相对运动产生的机械磨损。

（7）钻进中发现套管磨损，应及时调整钻井参数。

（8）钻塞宜使用牙轮钻头，其钻具组合中不宜使用稳定器。

（9）套管防磨对钻井液的要求见 2.7.2.3。

2.6.6 套管串完整性验证

2.6.6.1 套管气密性检验

对于气井使用气密封螺纹的套管，回接生产套管、尾管应逐根进行井口气密封检测；上层技术套管、封固长裸眼段的生产套管在确保井下安全情况下进行气密封校验。

2.6.6.2　套管柱试压

（1）管柱试压方法参照 SY/T 5467《套管柱试压规范》的相关规定执行。高压气井套管试压应考虑对水泥环完整性的影响，套管柱试压压力不能超过套管抗内压屈服强度的 80%，否则应采用封隔器试压。

（2）套管柱试压指标。

①套管柱试压值原则上执行 SY/T 5467《套管柱试压规范》，具体参照各油田试压要求。

②采用固井质量评价后试压的套管柱，套管柱直径不大于 ϕ244.5mm（$9\frac{5}{8}$in）的套管柱试压值为 20MPa，套管直径大于 ϕ244.5mm（$9\frac{5}{8}$in）的套管柱试压值为 10MPa，稳压 30min，压降不大于 0.5MPa 为合格。对于高密度条件下固井，套管试压值应综合考虑井筒内承压套管的抗内压强度，采取合理的试压方法。

（3）若固井施工实现碰压，碰压结束时可按规定的套管试压值、试压时间进行套管串试压。稳压 10min 无压降为合格，测完固井质量后不再试压。特别注意，碰压后立即进行套管试压的试压值不得超过套管柱剩余抗拉强度的 60%。

（4）喇叭口试压：钻塞至喇叭口后，对喇叭口封固质量检验试压 10 ～ 20MPa。

（5）试压达不到规定要求时，应找准压力泄漏点，实施挤水泥作业。挤水泥作业后试压达到要求仍视为试压合格。若喇叭口试压达不到要求，应采取挤水泥、短回接等补救措施。

2.7　钻井液

钻井液作为井屏障部件，在井筒内形成的液柱压力应能有效稳定井壁、阻止地层流体侵入井筒。钻井液设计应结合地层岩性、理化特征以及温度、压力、流体性质情况，充分分析邻井资料，优选钻井液体系，对钻井液的密度、流变性、润滑性、防塌性、腐蚀抑制性等作出针对性设计，提出维护处理要求及井漏的预防处理措施。

2.7.1 钻井液体系

（1）根据油气藏特性、井型、复杂地层特点、温度与压力等选择钻井液体系，满足安全高效钻井要求，提高井眼质量，以有利于有效井屏障的建立。钻井液体系选择应考虑：

①钻井液体系应适应预计钻遇的易塌层、易漏层、盐层、石膏层、高压盐水层、含 H_2S、HCO_3^- 等复杂地层。

②高温井应采用抗温性能大于地层可能最高温度的钻井液配方，并经过 72h 以上热滚重复性能试验，确保高温性能稳定。

③高密度钻井液应采用流变性易于维护、控制的体系。

（2）不应在盐层钻开后采用边钻边处理的方法转换钻井液体系。

2.7.2 钻井液性能

高温高压井钻井液性能设计应在充分考虑常规钻井液性能基础上，重点考虑密度、井下流变性、润滑性、腐蚀抑制性。

2.7.2.1 钻井液密度

应以裸眼井段地层最高孔隙压力系数为基准，再增加一个安全附加值，参考地层坍塌压力系数设计钻井液密度，尽可能使钻井液液柱压力处于井眼安全压力窗口内。油井附加值：$0.05 \sim 0.1g/cm^3$ 或 $1.5 \sim 3.5MPa$；气井附加值：$0.07 \sim 0.15g/cm^3$ 或 $3.0 \sim 5.0MPa$。预计钻遇浅气层时，钻井液密度附加值应按 $3.0 \sim 5.0MPa$ 附加。具体选择钻井液密度附加值时还应重点考虑以下内容：

（1）地层压力预测精度。

（2）油气水层埋藏深度，预测的油气水层产能及流体性质。

（3）井控装备配套情况。

（4）对于含硫化氢等有害气体地层，安全附加值应取最大值。

（5）对于易塌、易漏地层，应根据预测的坍塌压力、破裂（漏失）压力，合理确定钻井液密度。

（6）对于窄密度窗口地层，以平衡地层压力为原则，合理确定钻井液密度。

（7）对于实施控压钻井等特殊工艺的井，以能够和井控装置一起建立有效井屏障为原则，合理确定钻井液密度。

（8）对于盐膏层等易发生塑性变形的特殊复杂地层，依据上覆岩层压力值与地层蠕变性，合理确定钻井液密度。

2.7.2.2 流变性

（1）高密度钻井液在满足悬浮加重剂的条件下，宜选用较低的黏度和切力值。

（2）应考虑井下温度、压力对流变性的影响，确保钻井液性能稳定。

（3）固井施工前，钻井液主要性能推荐要求如下：

①钻井液密度低于 1.30g/cm^3 时，屈服值应小于 5Pa，塑性黏度应在 10 ~ 20mPa·s。

②钻井液密度在 1.30 ~ 1.80g/cm^3 范围内，屈服值应小于 12Pa，塑性黏度应在 15 ~ 30mPa·s。

③钻井液密度高于 1.80g/cm^3 时，屈服值应小于 20Pa，塑性黏度应在 25 ~ 80mPa·s。

2.7.2.3 钻井液润滑性能

（1）高密度钻井液应添加润滑剂和减磨剂，以提高钻井液润滑性，使摩阻系数控制在 0.10 以下。

（2）加重剂选用应考虑对管柱、管线的磨损和冲蚀。

①水基钻井液采用重晶石加重至 1.8 ~ 2.0g/cm^3，超过部分宜使用铁矿粉加重。

②油基钻井液 2.45g/cm^3 以下采用重晶石加重，超过 2.45g/cm^3 部分可采用重晶石和微球状铁矿粉按照 3∶1 的比例复配加重。

2.7.2.4　钻井液防塌性能

钻井液应严格控制滤失量，具备良好的抑制性及封堵造壁性，满足井眼质量控制要求，并为固井创造良好的井眼环境，井径扩大率应达到 2.5.4 要求。

2.7.2.5　钻井液腐蚀抑制性

（1）对于高含硫井，钻井液必须具有足够的碱性来抑制（或缓冲）可能进入井眼的 H_2S，应确保 pH 值大于 10。

（2）进入含 H_2S 层段之前，推荐加入具备可除去浓度 500mg/L 硫化物能力的除硫剂。

（3）对于含 CO_2 与含 HCO_3^- 井，应确保 pH 值大于 10。

（4）钻井液应减轻对其他井屏障部件造成的腐蚀。

2.7.3　钻井液维护处理要求

（1）钻井液循环系统、固控和除气设备应按照 SY/T 6223《钻井液净化设备配套、安装、使用和维护》的相关要求进行配备和安装，并充分考虑高温高压及高含硫井井控风险，执行各油田井控实施细则。

（2）钻进过程中，应按照有关规定频次要求加密测定钻井液各项性能。

（3）需要加重时，加重材料应经加重装置按照循环周均匀加入，每个循环周密度差宜控制在 0.02 ~ 0.04g/cm³。

（4）钻井液受盐水、钙镁离子、CO_2 等污染后，应及时处理钻井液，确保钻井液性能稳定。

（5）监测钻井液中 H_2S 含量，及时足量补充除硫剂，同时维持 pH 值大于 10。

（6）气侵钻井液在地面应充分脱气。

2.7.4　井漏的预防与处理

（1）预防井漏，钻井液应做好以下工作。

①控制实钻钻井液密度在设计范围内，并根据地层情况及时调整钻井液密度。

②避免不均匀加重引起的高密度段塞进入井筒压漏地层。

③优化钻井液流变性，降低井底循环当量密度。

④在易漏井段宜提前加入随钻堵漏剂。

⑤钻开高压地层前应对上部裸眼段进行承压试验。

⑥高压盐水层的压井液应尽量具备堵漏的功能。

（2）发生井漏时，依据判断的井漏类型和漏层位置，推荐采用以下处理措施。

①在保证井下安全的前提下，适当降低钻井液密度。

②针对窄密度窗口地层，可配合控压钻井，适当降低钻井液密度。

③根据漏层温度、压力、漏速大小优选堵漏材料及粒度级配。

④发生漏速小于 $10m^3/h$ 的漏失时，宜先采用静止堵漏、适当提高钻井液黏度和泵入桥浆等方法堵漏。

⑤发生漏速大于 $10m^3/h$ 但未失返的漏失时，应采用桥浆替入漏失井段进行堵漏。

⑥发生失返性漏失时，宜采用高浓度、高黏度和切力的桥浆堵漏，或配合水泥浆、化学凝胶等进行堵漏。

2.8 固井

固井质量是油气井全生命周期内井筒完整性的重要保证，水泥环是钻完井与后期生产过程中重要屏障之一。水泥环应实现对油气水层长期有效封固，保证油气井全生命周期的安全生产。固井工作的各环节均应按《中国石油集团固井技术规范》《高压酸性天然气井固井技术规范》及相关标准执行。

2.8.1 设计原则

应从地质及开发特点、地层承压能力、井筒压力和温度情况、钻井液和水泥浆性能、固井施工和增产措施及投产后井筒压力、温度变化等方面综合考虑影响固井质量及施工安全的因素，确保水泥环完整密封。

2.8.1.1 基本原则

（1）应遵循平衡压力设计原则，即固井全过程中环空液柱压力始终大于地层孔隙压力、小于地层漏失和破裂压力。核实完钻时的地层漏失压力、破裂压力，掌握安全密度窗口，以地层承压能力为依据，合理确定水泥浆密度、环空液柱结构和固井施工参数。

（2）应重点考虑油气水层段及隔层段、特殊岩性段、尾管喇叭口处、上层技术套管（尾管）鞋处、回接套管段的固井质量，以满足井筒长期密封的需要。

（3）根据平衡压力固井和提高顶替效率要求进行辅助设计，为确定浆柱结构与注替参数提供依据。优化套管扶正器安放位置和数量，保证套管鞋、油气层段、尾管重叠段的套管居中度不小于67%。

2.8.1.2 封固要求

（1）各层套管固井水泥浆应设计返至地面。生产套管固井不应使用分级箍，需要分段注水泥时，可采用尾管悬挂再回接的方式。

（2）采用尾管固井方式封固气层时，重叠段长度应不少于100m，尾管悬挂器位置距离气层顶部应不少于200m，设计水泥上塞段应不少于150m。若主要气层距离上层套管鞋不足200m时，增加重叠段到400~600m。

（3）对于生产套管固井，水泥胶结质量中等以上井段应达到应封固段长度的70%。对于封固盖层的套管，盖层段固井质量连续优质水泥段不小于25m，且胶结质量中等以上井段不小于70%。

（4）长封固段套管固井具备条件的可采用高强低密度领浆一次上返至井口，或采用尾管悬挂再回接等方式返至井口。

（5）技术套管若采用分级固井时，原则上不留自由段。

①若存在自由段，一二级之间的自由套管段必须避开储层段、断层发育井段、特殊岩性段。

②一级固井水泥浆在气层顶部以上有效封隔段不少于200m，二级固井水泥浆应返出地面。

③当上层套管固井留有自由段，下层套管固井时设计水泥浆封固段应覆盖上层套管固井水泥浆未封固井段。

④水泥浆必须至少返至上层套管鞋以上100m。

2.8.2　水泥浆柱和水泥石

水泥浆柱设计应满足平衡压力固井约束条件，按有利于提高顶替效率设计浆柱结构，按有利于保持水泥环在井全生命周期内的长久密封有效性设计水泥石性能。

2.8.2.1　水泥浆

所有气层固井应采用具有防气窜性能的水泥浆体系；凡有较厚盐岩层、钾盐层、复合盐岩层或石膏层固井应使用抗盐水泥浆体系。充分考虑钻井、压裂及生产阶段温度、压力变化对水泥环密封完整性的影响，对水泥石进行韧性改造，优选使用韧性水泥、自愈合水泥等特殊水泥浆体系。

（1）气层固井宜采用防气窜双凝水泥浆，界面宜在主要显示层顶界200m以上，缓凝段水泥浆稠化时间一般较速凝段长1～3h。

（2）高温高压及高含硫井固井应使用高抗硫或耐腐蚀水泥。

（3）区块内首次使用的水泥浆体系应做防气窜性能评价试验，评价方法参考附录A。当采用气窜潜力系数法评价时，GFP值应不大于4；采用胶凝失水系数法评价时，GELFL值应大于1；采用水泥浆性能系数法评价时，SPN值应不大于3。

（4）水泥浆试验按GB/T 19139《油井水泥试验方法》执行，试验内容主要包括密度、稠化时间、滤失量、流变性能、游离液、水泥浆沉降稳定性和抗压强度等。

（5）水泥浆密度确定。

①孔隙性地层固井时水泥浆密度宜比同井段使用的钻井液密度高 $0.24g/cm^3$ 以上。

②裂缝性地层高密度固井时水泥浆密度不宜超过同井段钻

井液密度 0.12g/cm³。

③窄密度窗口及异常高压井段应根据地层破裂压力和平衡压力原则设计水泥浆密度。

④封固井底至产层顶部以上 200m 井段不应使用低密度水泥浆。

⑤封固低压漏失层时，宜采用高强低密度防漏水泥浆，要求外掺减轻剂、堵漏纤维的技术指标满足施工要求。

（6）稠化时间试验温度 T 应使用实测的井底循环温度 T_c，或井底静止温度 T_s（实测温度、测井温度、邻井测试温度以及地区经验公式计算）确定。实测为静止温度时，稠化时间试验温度应根据各油田井况和井身结构情况选择，一般 T=（0.75 ～ 0.85）T_s。

（7）水泥浆的流变性能用旋转黏度计测量，根据其流变特征采用塑性黏度、屈服值或稠度系数、流性指数表征。现场可采用流动度表示，流动度应不低于 18cm。

（8）水泥浆沉降稳定性能通过水泥浆游离液量和水泥石柱纵向密度分布情况来进行评价。沉降稳定性要求：

①技术套管固井水泥浆游离液量不大于 1.0%。

②生产套管固井水泥浆游离液量控制为零。

③水泥石柱纵向密度差应小于 0.02g/cm³。

（9）应控制水泥浆的滤失量。一般井固井时水泥浆滤失量应小于 150mL（6.9MPa，30min），定向井、大位移井和水平井以及尾管固井时应控制水泥浆滤失量小于 50mL。

（10）井温超过 110℃的井段，应在水泥浆中掺入抗高温强度衰退材料，推荐水泥与硅粉的比例为 100：35 ～ 100：40。预计生产过程中井筒温度超过 110℃的井段，也应在水泥浆中掺入抗高温强度衰退材料。

（11）水泥浆、钻井液、前置液间各种比例混合物的流变性和稠化时间满足作业要求。若达不到要求，不得作业。

2.8.2.2　前置液

（1）设计前置液的密度和用量时，应考虑平衡压力固井及井下安全的需要，满足提高顶替效率、提高固井质量的要求。

（2）前置液一般占环空高度 300 ～ 500m 或接触时间 7 ～ 10min。在保证环空液柱动态压力平衡和井壁稳定的前提下，产层固井适当增加前置液用量。

（3）冲洗液流变性应接近牛顿流体，对滤饼具有较强的浸透力，冲刷井壁、套管壁效果好。在循环温度条件下，经过 10h 老化试验，性能变化应不超过 10%。

（4）隔离液的密度宜介于钻井液和水泥浆之间，一般情况下隔离液密度宜比钻井液大 0.12 ～ 0.24g/cm^3，比水泥浆密度小 0.12 ～ 0.24g/cm^3。

（5）隔离液应具有良好的悬浮顶替效果，与钻井液、水泥浆具有良好的相容性，不腐蚀套管，不影响水泥浆滤失量和稠化时间，不影响水泥环的胶结强度，隔离液高温条件下上下密度差应不大于 0.03g/cm^3。

（6）隔离液滤失量可控，在井底循环温度、压差 6.9MPa 条件下，30min 滤失量应低于 250mL。

（7）采用油基钻井液钻井或水基钻井液中混油时，应采用驱油型前置液。

2.8.2.3　水泥石

根据地层特性、套管类型及高温高压井的开发特点，封固油气层段的水泥石应满足致密性、冲击韧性、抗腐蚀性、耐久性等性能要求。

（1）区块内首次使用的水泥浆体系应做 7 天或更长时间的水泥石性能检测，水泥石性能指标主要包括抗压强度、抗拉强度、杨氏模量、气体渗透率和线性膨胀率等。水泥石强度性能测试方法参照《储气库固井韧性水泥技术要求（试行）》的要求执行。

（2）水泥石 7 天的气体渗透率应小于 0.05×10^{-3}μm^2。选用减轻剂、加重剂等外掺料时，应充分考虑固相间的粒度级配，提高水泥石的致密性和抗压强度，降低水泥石渗透率。

（3）采用水泥环失效分析技术，评估井筒压力、温度变化对固井水泥环和胶结界面完整性的影响，优化水泥石力学性能，提高水泥石韧性，防止水泥环密封失效。

（4）水泥石强度要求：

①表层套管固井底部水泥石 24h 的抗压强度应不低于 7MPa。

②技术套管固井底部水泥石 24h 的抗压强度应不低于 14MPa。

③生产套管固井顶部水泥石 48h 抗压强度不低于 7MPa，井底至产层顶部以上 200m 水泥石 24h 抗压强度应不低于 14MPa，7 天抗压强度应不低于 30MPa。

（5）生产套管及尾管固井水泥石应具有微膨胀性能，线性膨胀率不大于 0.2%。

2.8.3　井眼准备

2.8.3.1　井眼质量要求

钻井过程中，应采取有效措施，严格控制井斜和全角变化率，保证井眼轨迹平滑、井壁稳定、井径规则，为固井创造良好的井筒条件。井径扩大率参照 2.5.4 要求。

2.8.3.2　承压试验

固井前应先进行承压试验，承压能力满足固井施工要求，承压值不低于固井施工过程环空井底受到的最大压力。承压试验不合格时应进行堵漏作业。对下套管前进行过堵漏作业的井，应循环、冲洗、携带、清除钻井液中的堵漏剂，以免在下套管及固井过程中堵塞水眼或环空。

2.8.3.3　通井

（1）通井到底，按钻进时最大排量循环不少于两周，循环时所有入井钻井液都应过振动筛，做到无垮塌、无漏失、无沉砂、无油气水侵，钻井液进出口密度差不大于 0.02g/cm³，含砂量小于 3‰，起下钻时无阻卡。

（2）下套管前通井时应调整钻井液性能，具有良好的抗高温稳定性、流变性、润滑性、防塌性能、造壁性、携屑能力和悬浮能力，具体参照 2.7.2 要求的钻井液性能。

（3）下套管前应压稳油气层，进行短起下钻，测油气上窜速度。

①短程起钻后应静止观察。井深小于 3000m（含 3000m）应静止观察不少于 2h，井深在 3000 ~ 5000m（含 5000m）应静止观察不少于 4h，井深超过 5000m 的井应静止观察不少于 5h。

②控制油气上窜速度不大于 15m/h 条件时才能起钻。

（4）通井钻具组合的最大外径和刚度应不小于下入套管的外径和刚度。

（5）井眼与套管单边间隙小于 19mm 时，宜进行扩眼处理。

（6）当存在蠕变地层时，需计算出下套管所需安全时间并测定在此期间地层蠕变情况，保证有足够的时间下套管。一般要求下套管前静止 72h 测地层蠕变。

2.8.4 固井工具

（1）工具选择。

①固井工具及附件的材质、机械参数、螺纹密封等性能应与同井段使用套管相匹配。

②固井工具及附件选用时应考虑井深、钻井液密度、井底温度、回压值、井斜以及循环和固井时流体冲蚀等因素。

（2）工具检查。

①核查到井固井工具的规格型号、合格证、说明书，确认规格、型号与设计一致，并绘制固井工具草图，标明主要尺寸。

②尾管悬挂器及配套工具检查。

a. 检查尾管悬挂器规格型号是否与设计相符。

b. 回接筒和插入头、球座短节、憋压球、浮箍、浮鞋是否齐全、配套，满足尾管固井施工的要求。

c.检查到井胶塞的尺寸和质量是否满足作业要求，钻杆胶塞能否通过送入钻具和中心管，是否与水泥头匹配。

2.8.5　下套管作业

（1）下套管作业按 SY/T 5412《下套管作业规程》执行。

（2）应使用 GB/T 23512《石油天然气工业　套管、油管、管线管和钻柱构件用螺纹脂的评价与试验》规定或厂家推荐的螺纹密封脂。

（3）使用扭矩仪监测上扣扭矩并用计算机记录，应根据厂家推荐扭矩数值调整最佳上扣扭矩与上扣位置。特殊螺纹套管连接时应精心操作，严防错扣、碰扣、损坏密封面。对于强度超过 140KSI 的高强度套管及耐蚀合金套管，推荐使用微牙痕或无牙痕扭矩大钳，防止过度咬伤或打滑而导致的接箍或管体表面损伤。

（4）气密封螺纹套管检测按 2.6.6.1 执行。

（5）大尺寸套管悬重超过 100t 应采用卡盘下套管。

（6）应根据环空返速、地层承压能力、钻井液性能等参数，依据有关激动压力计算软件计算结果确定套管柱下放速度，避免猛提、猛放、猛刹和猛顿，造成井漏、溢流或损坏套管与固井工具。

（7）按设计掏空深度，定点、定量灌满钻井液，并以悬重增量和灌入钻井液量为依据进行检查核对。

（8）尾管悬挂器应坐挂在无磨损的外层套管本体上，下入尾管前应对悬挂器坐挂点上下各 50m 内刮壁不少于 3 次，并对钻杆进行通径。

（9）下尾管过程中遇阻或中途循环，循环压力不应超过坐挂压力的 80%。尾管出上层套管鞋前宜开泵循环一次。

（10）套管回接时，应控制插入头插入下压吨位，防止悬挂器回接筒变形。

2.8.6　水泥浆注替

（1）水泥及外加剂。

①循环温度大于 90℃ 的深井所使用水泥的存放期出厂时间应在 1 个月以上。单井次必须采用同产地、同牌号、同批号水泥，采样应遵从抽样规则并在设计中予以标明。

②使用高密度或低密度水泥浆固井时应严格按设计比例干混加重材料或减轻材料。干混完成后应按设计水泥浆配方抽样检查混拌成品的水泥浆密度，符合设计后方可使用。

③采用干灰混拌方法时，水泥干混合设备应具备计重功能，单次混合 200kg 水泥加料一次，计量罐容重应不小于 5t，倒入储灰罐前的均化吹灰不少于 4 遍，上中下多点取样保证混配均匀。

（2）注水泥作业。

①注水泥应按设计连续施工，水泥浆密度应保持均匀，单点密度控制在设计密度的 $\pm 0.02g/cm^3$ 范围内，平均密度控制在设计密度的 $\pm 0.01g/cm^3$ 范围内。

②注替水泥过程应连续监控记录施工排量、压力、水泥浆密度、设备工况及井口返浆等。替浆时采用流量计、钻井液罐人工测量、泵冲计数 3 种方式同时计量，以人工测量计量为主，并与其他方法相互验证。

③应密切观察注替过程中压力变化及返出情况，发生施工异常应及时根据应急预案进行处置。

④顶替达到设计替浆量后仍未碰压时，不宜继续顶替。

⑤尾管固井替浆结束后应先将钻具上提至安全位置再进行循环，冲洗多余水泥浆，同时保持上下活动和转动钻具。

（3）候凝及钻塞。

①注水泥作业结束后，可采取在环空施加压力、循环加压等措施进行候凝。依据失重压力、地层承压能力计算加压值，补偿候凝期间水泥失重导致的环空静液柱压力降低值，防止气窜发生；候凝期间应观察并记录压力等参数的变化情况。

②水泥凝固期间不得进行任何井下作业，避免产生微间隙。

③探水泥塞面接近水泥塞顶部时，应循环处理钻井液 1 周

后，循环下探水泥塞，防止未凝固水泥固结钻具或憋泵。

④钻水泥塞时，开始使用小钻压、低转速，钻塞正常后调至正常钻压、转速。钻水泥塞至人工井底后，循环处理钻井液2周以上再实施下步工序。

2.8.7 水泥环质量评价

（1）质量检测。

①技术套管、尾管和回接套管封固段应进行固井质量测井，表层套管段根据地层流体分布与裂缝发育、套管下入深度和试压结果等情况确定是否需要进行固井质量测井。

②固井质量评价方法参照 SY/T 6592《固井质量评价方法》并结合本油气田相关要求执行。解释结论根据测井项目提供对应的评价结果，如第一界面胶结程度、第二界面胶结程度、胶结强度、水泥充填率、水泥环层间封隔能力、套管居中度和套管扶正器位置等。

③测井时间依据水泥浆凝结情况而定。

④套管串试压验证见 2.6.6.2。

（2）质量鉴定。

①固井质量测井定量或定性解释评价结论应作为固井施工质量考核的重要依据，是建井的重要资料，也是后续施工的重要依据。

②生产套管水泥环胶结质量中等以上井段的长度应达到封固井段长度的 70%。

③生产套管固井质量应对封隔油气水层段、尾管重合段、上层套管鞋处、上层套管分级箍处进行鉴定。在油气水层段、尾管重合段、上层套管鞋处、上层套管分级箍处及其以上 25m 环空范围内应形成连续胶结中等以上的水泥环，其余井段环空至少应形成纵向上比较连续的、其声幅值不超过无水泥井段套管声幅值 50% 的水泥环。

④技术套管封固上部油气层、盐水层、盐膏层和含腐蚀性流体的地层等地层时，固井质量要求与生产套管相同。

⑤按照设计顺利完成固井作业的井，一般测 CBL/ VDL 评价固井质量；对于固井施工过程发生异常井或区域标准作业井应加测超声波成像或套后声波扫描成像等测井方法，综合评价固井质量。

⑥对于经 CBL/ VDL 测井后不能明确固井质量或存在矛盾井加测超声波成像或套后声波扫描成像等测井方法。

⑦固井质量应根据水泥胶结测井结果、固井施工情况、试压试采及验窜情况，综合做出评价。

⑧试压不合格可进行验窜作业。

a. 在被鉴定段上下射孔（一般射 0.5m，共 5 孔），并在上下射孔段之间坐封封隔器，加压 20MPa。

b. 如果 30min 窜通量不大于 $0.2m^3$，该段水泥环可鉴定为合格。

c. 如果 30min 窜通量大于 $0.2m^3$，则鉴定为不合格。

⑨不合格水泥环，挤水泥补救后达到合格标准，鉴定为合格。

2.9 井控设计

钻井过程中的井控装置包括套管头、钻井四通、防喷器组、井控管汇、内防喷工具、液气分离器等部件，应在参照 GB/T 31033《石油天然气钻井井控技术规范》、SY/T 6789《套管头使用规范》等标准基础上，从装置、工艺等方面把好设计关和施工关，保证钻井期间井控安全，满足后续作业完整性控制要求。

2.9.1 套管头

套管头是钻完井期间及全生命周期中的重要井屏障部件，是用于悬挂套管及密封环形空间的重要装置。在钻完井期间，与防喷器组一起构成井控部件，完井之后，又是采油气井口装置的永久性组成部分。

（1）套管头选型。

①应使用标准套管头组合型式（单级、双级、三级和整体

式等）。

②高压气井套管头推荐使用带金属密封的芯轴式悬挂器。

③表层套管推荐使用螺纹或卡瓦式连接的套管头。

④套管头压力等级应与地层流体充满井筒时的最高井口压力相匹配。

⑤套管头密封件应根据最低地面温度、最高产出流体温度进行选择。

⑥材料级别的确定应根据 H_2S 分压、CO_2 分压、pH 值、温度、氯化物浓度等，参照 GB/T 22513《石油天然气工业钻井和采油设备井口装置和采油树》，具体见表 2-6 和表 2-7。

⑦使用卡瓦式套管头时，根据所悬挂套管的重量，选择 WE 或 W 型卡瓦悬挂器。

⑧推荐使用加长防磨套。

⑨套管头两侧旁通通径应不小于 $\phi52mm$。

⑩单级、双级套管头采用双翼单阀（至少一侧安装仪表法兰）；三级套管头 01、02 部分采用双翼单阀，03 部分采用双翼双阀（两侧均安装仪表法兰）。

表 2-6　材料级别选择表

材料类别	材料最低要求	
	本体、阀盖、端部和出口连接	控压件、阀杆和芯轴式悬挂器
AA——一般使用	碳钢或低合金钢	碳钢或低合金钢
BB——一般使用	碳钢或低合金钢	不锈钢
CC——一般使用	不锈钢	不锈钢
DD——酸性环境[a]	碳钢或低合金钢[b]	碳钢或低合金钢[b]
EE——酸性环境[a]	碳钢或低合金钢[b]	不锈钢[b]
FF——酸性环境[a]	不锈钢[b]	不锈钢[b]
HH——酸性环境[a]	耐蚀合金[bcd]	耐蚀合金[bcd]

[a] 指按 GB/T 20972（所有部分）定义。

[b] 与 GB/T 20972（所有部分）一致。

[c] 接触湿润流体的部分，可采用表面 CRA 的材料；用含有低合金钢或不锈钢覆层的 CRA 也可以。

[d] 指钛、镍、钴、铬、钼，其中任何一种元素的规定含量或总量超过 50%（质量分数）的非铁基耐蚀合金。

表 2-7 材料级别定义表

材料级别	H₂S 分压限制	封存流体	CO₂ 分压限制	腐蚀性	其他限制
AA	$< 0.34kPa$ $(0.05psi)$	一般使用	$< 0.05MPa$ $(7psi)$	无腐蚀	
BB	$< 0.34kPa$ $(0.05psi)$	一般使用	$0.05 \sim 0.21MPa$ $(7 \sim 30psi)$	轻度腐蚀	
CC	$< 0.34kPa$ $(0.05psi)$	一般使用	$> 0.21MPa$ $(30psi)$	中高度腐蚀	
DD—1.5	$\leqslant 0.01MPa$ $(1.5psi)$	酸性环境	$< 0.05MPa$ $(7psi)$	无腐蚀	
DD—NL	$> 0.01MPa$ $(1.5psi)$	酸性环境	$< 0.05MPa$ $(7psi)$	无腐蚀	
EE—1.5	$\leqslant 0.01MPa$ $(1.5psi)$	酸性环境	$0.05 \sim 0.21MPa$ $(7 \sim 30psi)$	轻度腐蚀	$pH \geqslant 3.5$
EE—NL	$> 0.01MPa$ $(1.5psi)$	酸性环境	$0.05 \sim 0.21MPa$ $(7 \sim 30psi)$	轻度腐蚀	$pH \geqslant 3.5$
FF—1.5	$\leqslant 0.01MPa$ $(1.5psi)$	酸性环境	$> 0.21MPa$ $(30psi)$，$\leqslant 1.38MPa$ $(200psi)$	中高度腐蚀	$pH \geqslant 3.5$
FF—NL	$> 0.01MPa$ $(1.5psi)$	酸性环境	$> 0.21MPa$ $(30psi)$，$\leqslant 1.38MPa$ $(200psi)$	中高度腐蚀	$pH \geqslant 3.5$
HH—NL	$> 0.01MPa$ $(1.5psi)$	酸性环境	$> 1.38MPa$ $(200psi)$	高度腐蚀	

（2）套管头试压。

①卡瓦式套管头。注塑、试压压力应为套管抗外挤强度 80% 与套管头法兰额定工作压力两者中的较小值，稳压 30min，压降不大于 0.7MPa，密封部位无渗漏为合格。

②芯轴式套管头。注塑、试压压力为法兰的额定工作压力与芯轴式悬挂器颈部抗外挤强度 80% 两者中的较小值，稳压 30min，压降不大于 0.7MPa，密封部位无渗漏为合格。

（3）套管头防磨套。

①每次安装套管头后，应安装防磨套，并对称均匀顶紧顶丝。

②根据磨损情况定期检查防磨套，防磨套壁厚偏磨达到30%时应及时更换。

（4）维护、检查。

①定期对各级套管头进行注塑、试压检查，并做好记录。

②通过套管头旁通进行注水泥浆、排泄压等作业后，应及时对旁通进行冲洗，保障旁通通畅，阀门开关灵活、密封良好。

2.9.2　防喷器组

防喷器组选择与使用应参照 GB/T 31033《石油天然气钻井井控技术规范》、Q/SY 1552《钻井井控技术规范》、中油工程字（2006）247 号《中国石油天然气集团公司石油与天然气钻井井控规定》等标准、规定。

（1）防喷器组选择。

①防喷器组合型式和数量应满足各开次、不同作业的井控需求，选用高一等级的井控装备时，防喷器组合型式选择原来压力等级的防喷器组合标准。

②防喷器压力等级应与相应井段中的最高地层压力相匹配，同时综合考虑套管最小抗内压强度的80%、套管鞋处地层破裂压力、地层流体性质等因素。

③高含 H_2S 区域的井、新区第一口探井、高压气井的钻井作业中，技术套管固井后直至完井全过程应配套使用剪切闸板防喷器。剪切闸板防喷器的压力等级、通径应与其配套的井口装置一致。

④使用复合钻具时，应配齐相应数量的闸板防喷器，并配备相应尺寸的闸板芯子。使用概率大的半封闸板芯子宜安装在下面，全封闸板芯子安装在闸板防喷器最上部。使用复合钻具的井可使用变径闸板。下套管前应换装与套管尺寸相匹配的闸板芯子。

⑤恶性井漏、窄密度窗口地层钻井宜配备旋转控制头。

（2）防喷器安装。

①防喷器安装应考虑钻机底座高度，保证钻具坐在转盘面

时，闸板关闭位置在管体上。

②防喷器安装完毕，应校正井口、转盘、天车中心，其偏差不大于 10mm。

③所有密封垫环和环槽应完好、清洁，不得存在影响密封性能的缺陷。

④所有连接螺栓均按对角拧紧，保持法兰平正。

⑤密封垫环使用一次后应强制报废。

（3）防喷器组试压。

①在井控车间，应对防喷器组做额定工作压力密封试验，稳压 30min，压力降不大于 0.7MPa，外观无渗漏为合格；闸板防喷器还应做低压（1.4 ~ 2.1MPa）密封试验，稳压 10min，压力降不大于 0.07MPa，密封部位无渗漏为合格。

②现场安装防喷器组后试压要求。

环形防喷器封钻杆试压到其额定工作压力的 70%，稳压 30min，压力降不大于 0.7MPa，外观无渗漏为合格。

闸板防喷器试压分两种情况：

a. 套管头上法兰压力等级小于闸板防喷器工作压力时，按套管头上法兰额定工作压力试压，稳压 30min，压力降不大于 0.7MPa，外观无渗漏为合格；

b. 套管头上法兰压力等级不小于闸板防喷器额定工作压力时，按闸板防喷器额定工作压力试压，稳压 30min，压力降不大于 0.7MPa，外观无渗漏为合格。

旋转防喷器试静压和旋转动压时，分别按其额定工作压力的 70% 试压，稳压 10min，压力降不大于 0.7MPa，外观无渗漏为合格。

钻开油气层（目的层）前试压间隔超过 30 天，其他时间试压间隔超过 100 天，更换防喷器部件后均应重新进行试压。

2.9.3　钻井四通

（1）钻井四通的压力等级与闸板防喷器相一致，通径不小于套管头通径。

（2）钻井四通至节流管汇之间的部件通径应不小于 $\phi 78mm$，钻井四通至压井管汇之间的部件通径应不小于 $\phi 52mm$。

2.9.4 井控管汇

井控管汇包括节流管汇、压井管汇、防喷管线和放喷管线，主要用于节流、泄压、实施压井以及放喷点火等。

2.9.4.1 井控管汇选择

（1）放喷管线和钻井液回收管线应使用经探伤合格的金属管材。

（2）压井管汇、节流管汇高压区的压力级别应与闸板防喷器一致。

（3）节流压井管汇组合形式选择如下：

①压力等级为 70MPa 及以下的节流管汇应不少于两路节流通道，并至少安装一只液动节流阀。

②压力等级为 105MPa 及以上的节流管汇应不少于三路节流通道，并至少安装两只液动节流阀。

③应不少于两路压井通道。

④等级为 105MPa 及以上的压井管汇外侧宜配套压力等级相同的放喷管汇。

a. 节流阀宜选用楔形结构。

b. 节流管汇应配套使用相应压力级别的耐震高、低量程压力表及传感器，仪表法兰上还应预留套压传感器接口（70MPa 及以下可使用 $1/2$ in NPT 螺纹接口，105MPa 及以上用 $9/16$ in Autoclave 螺纹接口）。

c. 节流管汇每条通道的高压区均应采用双平板阀配置。

2.9.4.2 井控管汇试压要求

（1）节流、压井管汇试压压力与闸板防喷器相同，有低压区的节流管汇，低压区按其额定工作压力试压，稳压 30min，压降不大于 0.7MPa 为合格。

（2）放喷管线试压 10MPa，稳压 10min，压降不大于 0.7MPa 为合格。

（3）反循环压井管线试压 25MPa，稳压 10min，压降不大于 0.7MPa 为合格。

2.9.5　内防喷工具

钻具内防喷工具包括方钻杆上 / 下旋塞、顶驱旋塞、箭形止回阀、浮阀等。主要作用是防止钻井液沿钻柱水眼向上无控制运移。

2.9.5.1　内防喷工具选择

（1）油气层中钻井，钻具中应安装内防喷工具。

（2）内防喷工具的压力等级一般不低于所使用闸板防喷器的压力等级。对于使用 105MPa 的防喷器组，可使用 70MPa 及以上的箭形止回阀或浮阀。

（3）内防喷工具的外径、强度应与相连接的钻具相匹配。

2.9.5.2　安装、使用要求

（1）方钻杆应安装上 / 下旋塞，顶驱应安装顶驱旋塞。

（2）油气层钻井在近钻头位置应至少安装一只止回阀，下列特殊情况除外：

①堵漏钻具组合。

②下尾管前的称重钻具组合。

③处理卡钻事故中的爆炸松扣钻具组合。

④穿心打捞测井电缆及仪器钻具组合。

⑤传输测井钻具组合。

（3）钻台上应配备箭形止回阀或旋塞，并配备防喷立柱或防喷单根。

2.9.6　液气分离器

高温高压及高含硫井应配备液气分离器。液气分离器罐体直径不小于 ϕ 1200mm，进液管通径不小于 ϕ 78mm。

2.9.7 井控工艺选择

坚持积极井控理念，立足一次井控，发现溢流立即关井、疑似溢流关井检查。

（1）压井工艺的选择，需要根据溢流类型、关井压力、加重钻井液和加重剂的储备情况、设备的加重能力、井口装置的额定工作压力、地层特性、现场人员技术水平等因素综合确定。

（2）应制定钻遇浅层气、异常高压、恶性井漏、高含 H_2S、窄密度窗口、高产等地层钻井井控预案。对于可能存在异常高压层的井、边远井，应对加重钻井液和加重材料储备做特别要求。

（3）每层套管固井开钻后，按 SY/T 5623《地层压力预（监）测方法》要求测定套管鞋第一个易漏层的破裂压力。

（4）进入油气层前 50 ~ 100m，按照下步钻井设计最高钻井液密度值，对裸眼地层进行承压能力检验。

（5）最大允许关井套压不得超过井口装置额定工作压力、套管抗内压强度的 80% 和薄弱地层破裂压力所允许关井套压三者中的最小值。在允许的关井套压内严禁放喷。

（6）压井作业应有详细的计算和设计，压井施工前应进行技术交底、设备检查、岗位落实等工作。

（7）天然气溢流不允许长时间关井而不作处理。

（8）高压、高产、高含硫气井发生溢流，宜选用压回法进行处理。

（9）浅层气溢流的最大关井压力首先考虑地层的承压能力。

（10）空井溢流后，根据溢流的严重程度，可采用强行下钻分段压井法、置换法、压回法等方法进行处理。

（11）在易井漏目的层，钻具中宜加入多次循环旁通阀，宜使用环空液面监测仪监测液面高度。发生井漏时应定时、足量灌入钻井液，保持井内液柱压力与地层压力平衡。

（12）欠平衡与控压钻井时，利用旋转防喷器和钻井液一起实现井控安全，钻具中应配备不少于两只内防喷工具。

（13）含硫化氢地层或上部裸眼井段地层中的硫化氢含量大于 SY/T 5087《含硫化氢油气井安全钻井推荐作法》中对含硫气井的规定标准时，不能开展欠平衡钻井。

（14）含硫化氢地层实施控压钻井时，出现漏速大于 $10m^3/h$ 的情况，宜采取适当反推、注凝胶段塞、堵漏等方式，控制在微漏状态下，并将钻具提至安全井段（推荐套管鞋附近），方可循环压井，然后恢复钻进。

（15）处理卡钻事故时，要考虑解卡剂对钻井液液柱压力降低的影响，保证液柱压力不小于地层压力。

（16）钻开油气层或在主要油气层井段钻进时，钻头应采用大直径喷嘴，便于压井和堵漏。

（17）钻头在油气层中和油气层顶部以上 300m 井段内起钻速度不得超过 0.5m/s。

2.10 环境保护

贯彻执行《中华人民共和国环境保护法》《中华人民共和国水污染防治法》《中华人民共和国固体废物污染环境防治法》等法律法规以及中国石油天然气股份有限公司相关环境保护管理规定，做好钻井废液与钻屑处理工作、提升钻井清洁生产水平。

应根据所处区域特点和环境影响评价结果，对于钻完井作业过程中排出井筒的地层岩屑、废弃的钻井液、维护处理钻井液所排出的固液混合物、处理井下复杂情况排出的地层水或油以及清洗钻井设备设施的污水等，在设计中明确处理方案和处理要求，实现废物回收再利用或处理后达标排放。

2.11 实施与变更

设计单位跟踪、掌握现场实施情况；施工单位严格执行设计，确保设计的严肃性。

（1）加强标志层的识别，必要时采用随钻测井、元素录井等方法，卡准必封点层位，严格按设计原则准确下入各层套管。

（2）地质条件发生重大变化时，导致原设计、方案无法执行，或执行会导致较大风险时，应及时进行技术论证并做出相应的调整。

（3）在施工过程中若发生意外事件或情况，需对原设计做出变更时，应对井屏障完整性进行评估，变更应有书面材料，重新按设计审批程序进行审批。

3 试油井完整性设计

高温高压及高含硫井试油作业期间的井完整性面临以下难题：温度高，井下工具及附件耐温性能要求高，且整个试油过程中温差变化大，管柱和井下工具受载状况恶劣，管柱和井下工具易失效；压力高，井下工具及附件耐压性能要求高，而且高地层压力、高关井井口压力、试油期间压力变化大，对井口装置、管柱和井下工具的安全性带来了严峻挑战；高含硫化氢和二氧化碳，腐蚀、硫化物应力开裂等问题严重；井深、井身结构复杂，井下工具的选择和操作受限。因此，高温高压及高含硫井试油地质设计和工程设计均应进行井完整性设计，主要内容包括地质条件分析、地质风险识别、井筒条件分析、工程风险识别、井完整性的技术保障措施制定等。通过对各井屏障部件进行科学的设计、严格的验证测试和有效的监控，确保试油管柱、井下工具、井口装置及油层套管等在整个试油期间及后期完井、生产直至弃置全过程安全可靠。

3.1 设计基础

3.1.1 设计依据

高温高压及高含硫井试油阶段的完整性设计主要依据《高温高压及高含硫井完整性指南》、SY/T 6293《勘探试油工作规范》和 SY/T 6581《高压油气井测试工艺技术规程》。

3.1.2 设计主要参考标准

下列标准的最新版为试油阶段完整性设计的支撑标准：

GB/T 9253.2《石油天然气工业　套管、油管和管线管螺纹的加工、测量和检验》

GB/T 17745《石油天然气工业　套管和油管的维护及使用》

GB/T 19830《石油天然气工业　油气井套管或油管用钢管》

GB/T 20970《石油天然气工业　井下工具　封隔器和桥塞》

GB/T 20972.1《石油天然气工业　油气开采中用于含硫化氢环境的材料　第 1 部分：选择抗裂纹材料的一般原则》

GB/T 20972.2《石油天然气工业　油气开采中用于含硫化氢环境的材料　第 1 部分：抗开裂碳钢、低合金钢和铸铁》

GB/T 20972.3《石油天然气工业　油气开采中用于含硫化氢环境的材料　第 1 部分：抗开裂耐蚀合金和其他合金》

GB/T 22512.2《石油天然气工业　旋转钻井设备　第 2 部分：旋转台肩式螺纹连接的加工与测量》

GB/T 22513《石油天然气工业　钻井和采油设备　井口装置和采油树》

SY/T 0599《天然气地面设施抗硫化物应力开裂和抗应力腐蚀开裂的金属材料要求》

SY/T 5325《射孔作业技术规范》

SY/T 5710《试油测试工具性能检验技术规程》

SY/T 5483《常规地层测试技术规程》

SY/T 5486《非常规地层测试技术规程》

SY/T 5980《探井试油设计规范》

SY/T 5812《环空测试井口装置》

SY/T 6610《含硫化氢油气井井下作业推荐作法》

SY/T 5440《天然气井试井技术规范》

NB/T 47013.2《承压设备无损检测　第 2 部分：射线检测》

NB/T 47013.3《承压设备无损检测　第 3 部分：超声检测》

NB/T 47013.4《承压设备无损检测　第 4 部分：磁粉检测》

Q/SY 1430《高温高压井测试安全规范》

Q/SY 1556《高温高压含硫油气井地层测试技术规程》

API RP 90−2《陆上油气井环空压力管理》

ISO/TS 16530−2《井完整性　第 2 部分:生产期间的井完整性》

ISO/TS 16530−2 Well Integrity for the Operational Phase 生产阶段的井完整性

NORSOK D-010 Well Integrity in Drilling and Well Operations　钻井和作业过程中的井完整性

NORSOK D-007 well Testing Systems　井测试系统

UK Oil and Gas Well Integrity Guidelines　英国石油天然气：井完整性指南

Energy Institute Model Code of Safe Practice　英国能源协会安全技术规范

OLF 117 Recommended Guidelines for Well Integrity　挪威OLF 117 井完整性推荐指南

3.2　设计原则

根据试油地质目的来确定试油地质设计和工程设计，设计过程中应遵循以下原则：在确定试油目的及层位时，应考虑钻井工程对井完整性要求；制定试油工程方案时，应考虑试油期间的井完整性要求；要长期试采、完井投产及弃置的井，应考虑相应的井完整性要求。

试油井完整性设计由试油前井屏障完整性评价、井屏障部件设计、井屏障完整性控制措施等三部分组成，各部分内容的设计原则为：

试油前的井屏障完整性评价包括地层完整性评价、井筒完整性评价和井口完整性评价三部分，分别评价地层、井筒和井口屏障部件的完整性，明确地层、井筒和井口装置现状及屏障失效造成的潜在风险。

井屏障部件设计应结合井完整性评价得出的井屏障现状和潜在风险，设计第一井屏障，并根据试油方案、试油工艺对第一井屏障进行评估，绘制试油各阶段的井屏障示意图。

井屏障完整性控制应根据第一井屏障设计与评估结果、第二井屏障评价结果，结合各井屏障部件的设计参照标准和需要考虑的因素，确定井屏障部件初次验证和长期监控要求。初次验证应针对试油作业期间的所有恶劣工况条件，通过管柱校核、制定作业控制参数来保证试油管柱、井下工具和附件等井屏障部件的安全。

3.3 试油前的井屏障完整性评价

3.3.1 地层完整性评价

地层完整性评价的主要对象是目的层上部的盖层、套管和固井水泥环构成的阻止地层流体经管外上窜的井屏障，若上覆地层有复杂岩性地层，则还应评价上覆复杂岩性地层对井筒安全的影响。

3.3.1.1 地质资料分析

利用地质资料，开展地层完整性评价。

（1）目的层井屏障评价。

目的层上部有一定厚度的盖层且在盖层对应深度有连续25m以上固井质量优良的水泥环，可将盖层及外部水泥环定性评价为合格的井屏障。如该井屏障评价为不合格，需提示地层流体经管外上窜可能带来的风险，并采取相应的风险控制措施。

（2）复杂岩性地层（盐层、石膏、泥岩等塑性蠕变地层及高压盐水层）。

上覆复杂岩性地层评价结果要列出复杂岩性地层分布井段及岩性、复杂岩性地层段是否被固井水泥环及套管有效封隔、上覆复杂岩性地层是否存在管外窜及套管挤毁变形的可能。

（3）地层压力预测。

预测地层压力是压井液密度、油管、井下工具压力等级选择的依据，预测的井口最高关井压力是选择井口、地面设备压力等级的依据。预测地层压力应根据目的层实钻钻井液密度、井漏溢流等显示情况、邻井实测地层压力等综合确定。

（4）地层温度。

通过测井资料及邻井实测数据预测地层温度，作为计算井筒温度场分布、选择地面设备和井下工具的温度等级、管柱材质等的依据。

（5）目的层岩性及出砂预测。

目的层岩性及出砂预测结论应给出合理的生产压差建议、试油工作液与岩石组分的配伍性等，避免地层垮塌或出砂，造成套管挤毁、堵塞或埋卡管柱等影响井筒完整性的复杂情况以及水敏等地层伤害。

（6）地层破裂压力。

依据钻井期间的地破试验、岩石力学实验数据、综合地质力学分析数据，结合邻井储层改造施工情况，预测地层破裂压力，为管柱完整性评价提供依据。

（7）漏入目的层的流体。

分析钻井过程中漏失的液体组分、漏失量，制定相应措施，削减漏失液体返排导致的井筒完整性风险。

3.3.1.2 地层流体

应结合邻井试油和生产情况，预测目的层可能产出流体性质、成分和含量，为管柱和井口选材提供参考依据，同时进行相关安全风险提示。

3.3.1.3 产能预测

根据本井及邻井储层参数，预测本井改造前后的产能，为后续试油工作和配套工具设备的选择提供依据。

3.3.1.4 结蜡

根据邻井或本井的地层烃类成分分析、地层温度压力等数据，对析蜡温度、析蜡点和结蜡量进行预测，为防蜡清蜡措施制定提供依据。

3.3.2 井筒完整性评价

在试油作业前应进行井筒完整性评价，校核套管强度，指出薄弱点，为选择封隔器坐封位置、确定最低试油替液密度及最高环空操作压力提供依据。

3.3.2.1 井身质量评价

井身质量评价的目的是通过对井径、井斜、狗腿度等数据的分析，为选择试油封隔器坐封位置提供依据。

3.3.2.1.1　套管试油对井身质量的要求

井身质量要能满足井下工具通过的要求，坐封井段的套管内径与封隔器胶筒外径之差应为 6 ～ 12mm。使用机械压缩式封隔器时坐封井段井斜一般不大于 60°，使用膨胀式封隔器对井斜不作要求。

3.3.2.1.2　裸眼试油对井身质量的要求

试油封隔器（不含裸眼完井封隔器）坐封井段应具备井径规则、岩性致密、无垂向裂缝的条件，裸眼段井斜一般不超过 20°。可选坐封井段长度要求：井深 3000m 以内不小于 3m，井深 4000m 以内不小于 5m，井深 5000m 以内不小于 6m，井深 5000m 以上的不小于 7m。膨胀式封隔器试油，坐封井段井径应不大于胶筒外径的 1.57 倍，在此条件下可承受 25MPa 压差。压缩式封隔器坐封井段的井径与封隔器胶筒外径之差不大于 12 ～ 25mm，支撑尾管长度不宜大于 100m。

3.3.2.2　套管评价

根据钻井井史提供的井斜、钻具组合、起下钻次数、钻进参数、钻井液类型，定量计算井下套管磨损程度，然后根据磨损程度计算套管的剩余抗内压、抗外挤强度。

射孔段套管宜根据射孔孔眼直径、孔密、相位、套管直径、壁厚、管材屈服强度等参数，采用室内实验方法或理论分析获得射孔段套管剩余强度。

根据套管剩余强度，考虑盐岩蠕变、软泥岩膨胀、断层运动对套管的影响，计算套管安全控制参数，确定是否需要回接套管、最低替液密度、环空压力操作界限及压井液最高密度，并为环空加压射孔、压控工具操作和储层改造平衡压力选择提供依据。若油层套管有两种及其以上规范，应分段计算各段套管控制参数，根据计算结果确定全井的套管综合控制参数：最大掏空深度在各段套管的掏空深度中取最小值；最低控制套压在各段套管的最低控制套压中取最大值；最高控制套压在各段套管的最高控制套压中取最小值。

套管抗内压安全系数取 1.25。

套管抗外挤安全系数取值原则：考虑套管加工误差（壁厚公差下限 −12.5%）和高温下强度降低（碳钢取 10%，其他材质参照厂家提供的数据），安全系数取值 1.25，再考虑射孔后套管强度降低情况（一般情况下取 15%），安全系数取值 1.45；考虑套管加工误差、高温下强度降低和区域内最大 / 最小主应力差异（15%），安全系数取值 1.45，再考虑射孔后套管强度降低情况（一般情况下取 15%），安全系数取值 1.65。

为验证套管承压能力是否满足试油作业要求，常规作法是做全井筒试压，试压值应综合考虑井内钻井液密度、钻井期间的试压数据、套管实际抗内压强度分析结果等多种因素，并结合试油过程中环空操作压力来确定。

3.3.2.3　套管抗腐蚀性能评价

结合地层流体中酸性气体含量、地层温度和套管材质，进行套管抗腐蚀性能评价，以判断套管能否满足抗腐蚀性能要求。

3.3.2.4　套管悬挂器密封性能评价

套管悬挂器是悬挂固井时的密封部件，试油前应对悬挂器的密封性进行评价，根据评价结果确定是否对套管悬挂器进行负压验窜。

负压验窜是一种负压测试方法，目的是检验井屏障部件在流动方向上的密封性，为井屏障完整性评价提供依据。

负压验窜可以采用替液或工具测试的方法，负压验窜测试方法见附录 B。

3.3.2.5　固井质量评价

固井质量评价内容主要包括：固井期间是否发生漏失；塞面位置是否正常；钻塞是否出现放空；钻塞期间是否有后效显示；根据电测结果，分析关键位置（如尾管喇叭口位置、封隔器坐封井段、复杂岩层井段）固井质量。评价结果作为后期补救措施或方案制定、油套压控制参数、选择封隔器封位的依据。

3.3.2.6 人工井底评价

依据钻井期间的试压数据了解人工井底的承压能力，判断其封固质量是否满足后期试油改造要求。

3.3.3 井口完整性评价

井口装置主要包括套管头、钻井四通、防喷器组，其完整性根据配置的合理性和密封性两方面进行评价。

3.3.3.1 井口装置配置的合理性评价

试油作业选择以下防喷器组合形式，如有特殊需要，可在以下组合的基础上增加闸板防喷器或旋转控制头。根据预计井口最高关井压力选择闸板防喷器压力等级，对于原钻机试油的井，沿用钻井期间的防喷器。高含硫井防喷器应具备剪切功能并防硫。

（1）压力等级 ≤ 70MPa 时，采取以下组合形式：

①环形＋双闸板＋钻井四通（多功能四通、油管头）

②环形＋单闸板＋双闸板＋钻井四通（多功能四通、油管头）

③环形＋双闸板＋单闸板＋钻井四通（多功能四通、油管头）

（2）压力等级 105MPa 时，采取以下组合形式：

①环形＋单闸板＋双闸板＋钻井四通（多功能四通、油管头）

②环形＋双闸板＋单闸板＋钻井四通（多功能四通、油管头）

③环形＋双闸板＋双闸板＋钻井四通（多功能四通、油管头）

选用压力级别高的井控装备在低压力等级井施工时，防喷器可以采用低压力等级的组合形式。使用三闸板防喷器时，三闸板防喷器视为单闸板和双闸板防喷器的组合。

3.3.3.2 井口装置的密封性评价与验证

按照井口装置的试压要求，现场应在安装井口装置后，用清水（冬季用防冻液体）进行试压，外观无渗漏，压降不大于 0.7MPa 为合格，具体的试压值要求如下：

（1）环形防喷器封钻杆试压到额定工作压力的70%，稳压30min。

（2）闸板防喷器试压分两种情况：套管头上法兰压力等级小于闸板防喷器工作压力时，按套管头上法兰额定工作压力试压，稳压30min；套管头上法兰压力等级不小于闸板防喷器额定工作压力时，按闸板防喷器额定工作压力试压，稳压30min。

（3）套管头注塑及试压压力，取本次所用套管抗外挤强度的80%以及本次套管头下法兰额定工作压力二者较低值。

对井口装置采用的非金属密封件，应评价其在井口流动温度、外部环境温度以及地层流体作用下的适应性。

3.3.4　环空压力分析

根据钻井井史资料，了解钻井期间B、C、D环空是否带压及带压值，如果环空带压应了解环空是否进行过泄压作业及放出物类型、放出量，初步分析环空带压原因。按照压力来源的不同，可以将套管环空压力划分为热致环空压力、人为施加压力和持续环空压力（SCP）。

一旦发生持续环空带压，后续作业过程中必须制定可靠的环空压力控制措施，并且对环空压力持续监控，避免持续环空带压引起其他井屏障失效，造成更大的井完整性风险。

3.3.5　综合评价

通过地层完整性、井筒完整性和井口完整性的评价，应至少得到但不限于以下结论：

（1）目的层、套管（油层套管、尾管、尾管喇叭口）、固井水泥环等井屏障部件是否有效。

（2）测试压差范围是否出砂及出砂带来的井完整性失效风险。

（3）目的层上覆复杂岩性地层分布和封固情况，对后期作业的风险提示。

（4）环空最低替液密度。

（5）套管磨损评价结果，是否需要回接部分套管。

（6）验证尾管喇叭口、人工井底完整性，是否需要负压验窜。

（7）油层套管压力控制。

（8）井口装置的可靠性。

3.4　试油工艺设计

3.4.1　工艺选择

高温高压及高含硫油气井应采用工具测试（带压力计）的方式取得试油地质资料，根据资料录取要求及内容的不同，可分为中途测试、侦查性测试、完井测试等。按照完井方式，又可分为套管测试、裸眼测试。

3.4.1.1　典型试油工艺

（1）裸眼测试。

①封隔器坐封在裸眼段，对目的层进行测试的方式。根据井径、岩性、预计产出流体等井况条件，可以选择单封裸眼测试、双封跨隔测试、支撑于井底的双封测试等测试方法。

②封隔器坐封在套管内，对裸眼段进行测试的方式；在工艺上与套管测试相同，但原则上油管鞋不能下出套管鞋。

（2）套管测试。

套管测试是高温高压油气井主要采用的测试方式，用于侦查性测试、完井测试，其测试工艺有单封测试、双封跨隔测试、射孔测试联作等。

3.4.1.2　试油工艺选择

无特殊地质要求或工况条件限制，高温高压及高含硫油气井试油应试油一层、封闭一层，逐层上返作业。

中途测试是在钻井过程中，钻遇良好显示而进行的测试作业，试油工艺主要以裸眼测试为主；中途测试优先选用坐套测裸方式，易垮塌地层不宜将封隔器坐在裸眼段测试。

侦查性测试是为了解目的层流体性质而进行的短时测试作

业，试油工艺以套管测试为主。

完井测试是以取得目的层试油地质资料而进行的测试作业，试油工艺以套管测试为主。

套管测试井优先选用射孔测试联作等联作工艺及延时引爆射孔方式。

3.4.2　工艺设计

3.4.2.1　试油管柱

在满足试油地质资料录取要求和保证作业安全的前提下，应尽量简化试油管柱并优先选用新油管。

根据井眼尺寸和流体性质，考虑测试及储层改造需要，选择油管规格和材质；原钻机测试条件下，一般求液性、产能的测试作业，可采用钻杆作试油管柱；产能试井应采用油管作试油管柱；高含硫井应采用抗硫油管作试油管柱。高压油气井试油封隔器以上部分应采用气密封连接方式。

井下工具、封隔器、试油管柱所使用的调整短节，其强度应不低于与之相连油管本体强度。

3.4.2.2　井下工具

井下工具应满足井下压力和流体性质的要求，井下工具组合应能满足试油地质资料录取要求。

管柱应具备井下关断功能，可以备用井下关井阀和循环阀，循环阀的位置应尽量靠近封隔器。

应采用带有锚定装置的套管封隔器；若试油后转采可使用完井封隔器。封隔器外径与套管内径间隙宜在 6～12mm；封隔器应按照相关要求测试合格，实际使用时按其工作压力的80%考虑安全余量；封隔器坐封位置应尽量靠近试油层顶部，避开套管接箍2m以上，距喇叭口不小于10m；封隔器坐封段套管无破损、套管内壁清洁。

封隔器卡瓦硬度应与套管钢级匹配；对于首次在高钢级套管内坐封的封隔器，应评价其卡瓦的咬合力，确保能咬入且不打滑。

应按照预计最高地层温度选择相应温度级别的密封件。

双封跨隔测试时封隔器之间的跨隔距离小于 50m；

测试阀和循环阀优先选用压控式。

压力计压力、温度量程宜为预计最大地层压力、地层温度的 1.25 倍以上；非射孔测试联作管柱，应尽可能将压力计（其中至少一只外压力计）配置在试油层中部，若无法配置在试油层中部，两只压力计的间隔距离应不小于 50m。

3.4.2.3　试油井口

高压气井中途测试和完井测试的油气井宜使用钻台采油树；超高压气井中途测试、完井测试井口装置应使用采油树，特殊工况下，经过安全评估后可使用钻台采油树作为试油井口；侦查性测试经过安全评估后可使用控制头。

根据预测地层压力、施工井口压力和流体性质，依据 GB/T 22513《石油天然气工业　钻井和采油设备井口装置和采油树》的规定选用相应的采油树，油管挂应采用金属密封，每道密封都能单独试压。

进行防喷器与采油树互换作业时，若试油管柱不具备内防喷功能，应采用油管堵塞阀等暂堵工具来保证换装作业处于受控状态。

70MPa 采油树（或地面流程高压管线）宜配备液动安全阀，105MPa 及以上的井口控制装置应配备液动安全阀，且具备远程控制功能，井口装置的压力表、传感器应采用气密封连接方式。

3.4.2.4　地面流程

根据预计地层压力、流体性质、油气产量选用相应压力级别和处理能力的地面流程，含硫油气井用地面流程的材质应符合 SY/T 0599 的要求。

预计单翼气产量不小于 $80 \times 10^4 m^3/d$，井口至油嘴管汇优先选用规格为内径 76mm 的专用管线，分离器气出口管线的内径推荐为：单翼气产量不大于 $80 \times 10^4 m^3/d$：内径不小于 62mm；单翼气产量大于 $80 \times 10^4 m^3/d$：内径不小于 76mm。

超高压井的地面测试流程应配备双油嘴管汇、紧急关闭系统（ESD）、紧急泄压阀（MSRV）及数据自动采集系统；地层出砂或加砂压裂井应配备相应压力级别及处理能力的除砂器；含硫油气井应配备硫化氢在线检测设备和环境实时监测设备。

含硫油气井宜使用地面除硫化氢装置，降低地层产出液体、残酸等中的硫化氢含量。

采油树油管头四通的一翼应接一条压井管线，试油作业前作好压井准备。

节流降压采用地面油嘴管汇，加热方式采用蒸汽换热。

油嘴管汇前应有一条专用排污流程，用于求产前放喷排液。

超高压井、含硫井、预测井口流体温度不小于 70℃ 的井，采油树至地面油嘴管汇之间的管线应采用整体式法兰连接。

排污流程放喷管线和分离器气出口管线应平直接出，特殊情况需转弯时，应采用锻钢弯头，前后用基墩固定，出口应安装燃烧筒。

排污流程放喷管线和分离器气出口管线应每隔 10 ～ 12m，用不小于 $1.0m \times 1.0m \times 1.0m$ 的基墩和不小于 M27 的地脚螺拴固定，悬空跨度 6m 以上的部位，中间应加衬管固定；出口处采用双墩双卡固定，出口距最后一个基墩不超过 1m；固定卡板的宽度不小于 100mm、厚度不小于 10mm。

排污流程放喷管线出口和分离器气管线出口距井口不小于 75m，含硫气井放喷管线出口距井口不小于 100m，使用前试压 10MPa，稳压 15min，以不渗漏为合格。

3.4.2.5　试油工作液

高温高压油气井试油工作液优先选用无固相液体体系，中途测试可使用原钻井液。

试油工作液应根据地层温度、地层岩性、预计地层流体性质等进行评价和调整，要求具有良好的稳定性（热稳定性、沉降稳定性）、润滑性、流变性以及防塌抑制性，一般要求在地层温度下静置稳定时间不少于 15 天。

不同体系的试油工作液与压井液之间进行转换时，应使用隔离液。

压井液的配制量应不少于井筒容积的 1.5 倍；井场还应储备足量压井液加重材料，对预测漏失层及酸化压裂层应储备一定量的堵漏材料。

3.4.2.6　工作制度

（1）测试压差。

①碎屑岩地层测试压差不大于 20MPa，根据地层出砂具体确定。

②其他岩性地层测试压差不大于 25MPa。

③测试压差设计值与环空操作压力之和应小于封隔器承压指标。

（2）测试总时间。

①测试总时间是从封隔器坐封合格至解封的时间，若测试时环空为密度大于 $1.8g/cm^3$ 的压井液，为防止压井液沉淀埋卡封隔器，套管井测试总时间宜控制在 48 小时以内。

②碎屑岩地层裸眼测试总时间应控制在 12 小时以内。

③其他岩性地层裸眼测试总时间应控制在 24 小时以内。

（3）开关井工作制度。

①高温高压及高含硫井优先选用一开一关工作制度，一开井求地层流体性质、产量，一关井求地层压力恢复。

②根据测试特殊要求和实际井况，也可选择下列方式之一：

二开一关：求流体性质、产量、地层压力。

二开二关：求流体性质、产量、地层压力及压力恢复。

3.4.3　试油过程中的井屏障示意图

井屏障示意图是在井身结构图上标示出防止地层流体外泄的第一井屏障、第二井屏障，以及各井屏障部件的完整性状态和测试要求。第一井屏障是指直接阻止地层流体无控制向外层空间流动的屏障，第二井屏障是指第一井屏障失效后，阻止地层流体无控制向外层空间流动的屏障。

针对试油过程中的各工况绘制井屏障示意图，井屏障示意图应覆盖试油作业的所有工况。通过识别出不同工况下的第一、第二井屏障，使技术管理人员和现场施工人员明确各作业工况下的井屏障状况、制定作业期间井屏障部件的测试和监控要求，帮助后续工序的设计人员、技术管理人员和现场施工人员掌握井作业界限和潜在风险。井屏障示意图便于整个施工过程的目视化管理，是井交接的重要资料。

3.4.3.1　井屏障示意图绘制要求

在绘制井屏障示意图时应遵循以下 7 个方面的要求：

（1）作为井屏障的地层应给出强度信息。

地层作为井屏障部件之一，可能承受油藏压力或井筒压力的作用，为确保该井屏障部件的完整性，必须保证地层承受的压力未超过其强度极限，否则会导致套管、水泥环或者井屏障外侧发生泄漏。

（2）井屏障示意图上应显示油气储层信息。

应在示意图中标明岩性、深度、厚度、流体性质、温度、压力等储层信息，便于优选出合适的井屏障。

（3）第一、二井屏障中的每个井屏障部件，都应显示在表格中，并注明初始验证测试结果。此外，井屏障部件应该能够链接到测试、监控和验证相关的表格和历史数据。

（4）图中每个井屏障部件都应该显示其正确的深度，井屏障示意图可不按比例，但应准确绘制。

井屏障示意图上应标示各屏障单元相互间的相对深度、储层和盖层与固井水泥环和封隔器的相对位置。井屏障部件的相对位置对于完整性、稳定性以及初始安装测试后的泄漏探测等方面都至关重要。应在图上标出所有的封隔器、回接密封装置（PBR）和相关设备。

（5）所有套管和固井信息，包括表层套管固井信息，应该显示在示意图上，并标明尺寸。标示出所有套管尺寸及其对应的水泥返高。

（6）井屏障示意图中还应包含下列信息：油气田或构造名称、井号、井别、井型、井状态（比如井是否在运行中，是否关井，是否为了安装设备临时封堵等都应当给出明确说明）、日期、编制人、审核人，修改后的编号、日期、编制人、审核人等，确保井数据和井屏障信息的正确性并能够追踪。

（7）其他重要信息，如井的历史、完整性现状、其他特殊风险均应进行标明和注释。

改变了井屏障系统内的井完整性信息需在井屏障示意图中列出。井屏障系统之外的井完整性信息，例如井屏障系统之外的泄漏，虽然没有改变井屏障系统，需要进行重点说明。

应标注井完整性制图依据资料的来源，并附上简要说明。

若井屏障状况发生改变，比如检测到油管或套管泄漏，应重新绘制井屏障示意图。

3.4.3.2　试油井典型井屏障示意图

应针对整个试油施工过程中的各工况绘制井屏障示意图，典型高压井整个试油作业过程中的井屏障示意图见附录C。绘制具体试油井井屏障示意图时，需根据实际作业工况进行修订。

3.4.4　地面流程设计

地面计量设备的分级原则主要按设备承压能力和工作介质对设备的要求来进行分级。按设备承高压部分（油嘴管汇之前，含油嘴管汇）工作压力等级将地面流程分为四级，即超Ⅰ类（140MPa）、Ⅰ类（105MPa）、Ⅱ类（70MPa）、Ⅲ类（35MPa）；按工作介质对设备的要求又分为三种，即常规、防硫、防酸。

3.4.4.1　地面流程设计原则

（1）应确保安全可靠，能满足放喷测试、正反循环压井及油管内加压等工艺操作需要；若需要用地面流程进行压井时应安装单流阀，防止逆流；

（2）应具备多级降压及加热保温功能，具有防冰堵、油气水测试计量、数据自动采集及安全监测等功能；

（3）要求地面流程设备（包括所有闸门、节流保温装置、流量计、分离器等）及连接管线，满足气密封和承受高压的要求，在测试过程中不出现异常。

（4）如果井场附近分布有学校、居民住宅及重要设施，则应结合现场实际，备用一套地面流程。

3.4.4.2　地面流程设备配套

（1）140MPa、105MPa 地面流程设备配备。

①地面流程配备设备组成。

地面安全阀（SSV）、化学剂注入泵、高低压管线、高压数据头、低压数据头、油嘴管汇、热交换器、分离器、紧急泄压阀（MSRV）、数采系统及必要的转换接头和法兰、排污流程、消音器、点火装置、燃烧筒，根据地层出砂及加砂压裂施工情况配备除砂器和动力油嘴。

②设备地面管线连接要求。

高压端管线采用法兰连接；低压端管线可采用活接头连接；预留试压接口。

（2）70MPa 地面流程设备配备。

① 70MPa 地面流程设备组成。

地面安全阀（SSV）、化学剂注入泵、高低压管线、高压数据头、低压数据头、油嘴管汇、热交换器、分离器、紧急泄压阀（MSRV）、数采系统及必要的转换接头和法兰、排污流程、消音器、点火装置、燃烧筒，根据地层出砂及加砂压裂施工情况配备除砂器和动力油嘴。

② 70MPa 设备地面管线连接要求。

高压端管线优先采用法兰连接；低压端管线可采用活接头连接；预留试压接口。

（3）35MPa 地面流程设备配备。

① 35MPa 地面流程设备组成。

化学剂注入泵、数据头、油嘴管汇、热交换器、分离器、点火装置、燃烧筒、数采系统及必要的转换接头。

② 35MPa 设备地面管线连接要求。

高低压端管线可采用活接头连接；预留试压接口。

（4）含硫井应采用防硫设备，并配备缓冲罐、密闭环保罐、硫化氢防护系统等，需防酸时应配备防酸设备。

3.5 主要井屏障部件的设计、安装和测试

3.5.1 试油井口

常用的试油井口有采油树、钻台采油树及控制头。

3.5.1.1 采油树

3.5.1.1.1 采油树的设计

采油树由油管头（多功能四通）、小四通、主阀、翼阀、清蜡闸门和安全阀组成，采油树的设计应至少具备以下功能：

（1）可进行绳缆或连续油管作业。

（2）70MPa 采油树宜配备液动安全阀，105MPa 及以上采油树应配备液动安全阀，且具备远程控制功能。

（3）采油树的两翼均应预留安装压力和温度传感器的接口。

（4）油管挂主密封应采用金属对金属密封。

（5）所有连接、阀本体等应具备防火能力。

3.5.1.1.2 采油树的安装

按扭矩对称上紧盖板法兰(油管帽)与油管头(多功能四通)之间的螺栓。对盖板法兰（油管帽）试压至额定工作压力稳压30min，压降不大于 0.7MPa。再对采油树所有螺栓重复紧扣检查。

3.5.1.1.3 采油树的测试

（1）采油树在送井前应在有资质的单位按照流体流动方向、模拟现场从内到外逐个阀门（平板阀）进行水压和气压的高低压试压。低压试压值不大于 3.5MPa，稳压 30min，压降不大于

0.7MPa 且表面无渗漏为合格，高压试压按额定压力进行，稳定 30 分钟，压降不大于 0.7MPa 且表面无渗漏为合格；其中，进行气密封高低压试压时，还要求稳压期内无连续气泡。

（2）采油树安装完成后应进行试压，试压要求如下：

①安装完成后试压。

对采油树进行液体试压（按照需要对闸门逐个进行试压），试压压力不低于预计最大工作压力，冬季应考虑选用防冻液体，稳压 30min，压降不大于 0.7MPa 且表面无渗漏为合格；条件具备时，按照预计井口最大关井压力进行气密封试压，稳压 30min，压降不大于 0.7MPa 且表面无渗漏为合格。

②若采油树上安装有液动阀，则应对采油树上的液动阀及控制系统进行功能测试，液动阀关闭时间不超过 5s。

③所有测试结果、后续处理措施应留存记录以供查询。

（3）安装后的功能测试

①检查采油树各压力表的显示，并做好记录。

②检查采油树阀门手轮转动是否灵活及阀门的开关性能。

③检查螺栓连接的松紧程度，各法兰连接间隙是否渗漏、均匀。

④检查阀门注脂接头、阀盖钢圈、尾盖钢圈是否渗漏。

⑤检查各顶丝的松紧程度，是否存在泄漏。

⑥检查采油树闸阀带压情况下的开关灵活性。

3.5.1.2　钻台采油树

（1）设计。

钻台采油树包括油管头、升高短节和小四通，其设计要求参见 3.5.1.1.1。特殊之处在于油管头没有两翼的闸阀部分，两个主阀之间用升高短节连接。典型钻台采油树结构示意图如图 3-1 所示。

升高短节应采用法兰短节，主通径应与采油树主通径一致，材质、压力等级不低于采油树本体，根据需要加工成不同长度（0.5m、1.2m、2.4m 等）。

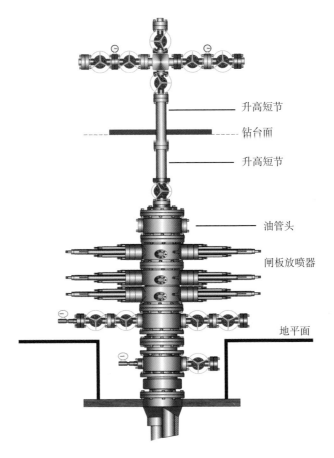

升高短节

钻台面

升高短节

油管头

闸板放喷器

地平面

图 3-1　钻台采油树结构示意图

（2）安装。

钻台采油树安装在闸板防喷器上法兰上，安装时的其他要求见 3.5.1.1.2。

（3）钻台采油树的测试。

见 3.5.1.1.3。

3.5.1.3　控制头

（1）设计。

控制头的压力、温度级别选用参照采油树标准，材质根据地层产出流体选用。控制头有单翼控制头和双翼控制头两种类型（控制头示意图如图 3-2、图 3-3 所示，参数见表 3-1）。

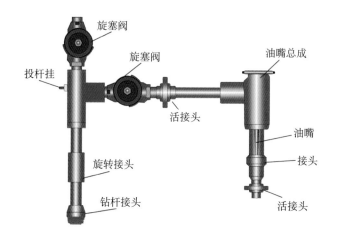

图 3-2　单翼控制头示意图

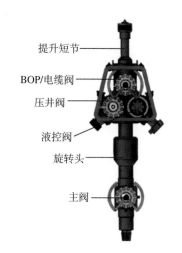

图 3-3　双翼控制头示意图

表 3-1　常用控制头基本参数表

工作压力 MPa	工作温度 ℃	最大提升负荷 kN	最小主通径 mm
70	−29 ~ 121	1500	57
105		2000	

（2）安装。

以控制头为主的地面控制装置由控制头、油嘴管汇和活动管汇三部分组成，控制头连接在测试管柱最上部，控制管柱内压力和流体。

①安装时必须保证设备的额定工作压力和试压值超过实际施工压力。

②防喷器闸板尺寸必须与测试管柱匹配，且按井控规定试压合格。

③确保控制头上的阀开关灵活、可靠。

④控制头及活动管汇必须牢靠地悬挂在吊环上，防止掉落。

⑤所有活接头都要涂上黄油并上紧，不允许在有压力的情况下锤击活接头。

⑥活动管汇的长度要考虑上提、下放管柱的需要，并用绳索固牢，防止悬空或在活动钻柱时撞击钻台。

⑦在压井阀一翼应安装单流阀，以防止压井时井内流体倒流。

⑧管线内有压力时必须缓慢打开或关闭阀门。

（3）检测。

螺纹检验：钻杆接头螺纹检验应按 GB/T 22512.2《石油天然气工业 旋转钻井设备 第 2 部分：旋转台肩式螺纹连接的加工与测量》的规定执行，油管螺纹检验应按 GB/T 9253.2《石油天然气工业 套管、油管和管线螺纹的加工测量和检验》的规定执行。

无损检验：射线无损检验按 NB/T 47013.2《承压设备无损检测 第 2 部分：射线检测》的规定进行，超声波无损检验按 NB/T 47013.3《承压设备无损检测 第 3 部分：超声检测》的规定进行，磁粉无损检验按 NB/T 47013.4《承压设备无损检测 第 4 部分：磁粉检测》的规定进行。

水压和气压试压：试压时应排除空气，擦干外表；油井试压介质为清水、气井还需进行气密封试压，试压值为额定工作压力，稳压时间 30min，压降不大于 0.7MPa 且无变形，活动件灵活为合格。

3.5.2 工作液

当工作液的液柱压力可以平衡地层压力时可作为一道井屏障，反之则不能单独作为井屏障，且在其上部必须另有一道物理屏障（如防喷器、采油树）。

3.5.2.1 试油工作液

（1）密度。

试油工作液密度设计应结合油管及套管承压能力、工具操作压力、测试压差等，并符合以下要求：

①（井口最高操作压力 + 套管内液柱压力 − 套管外液柱压力）≤套管最小剩余抗内压强度 / 套管抗内压安全系数。

②（套管外液柱压力 − 套管内液柱压力）≤套管最小剩余抗外挤强度 / 套管抗外挤安全系数。

③（套管内液柱压力 − 油管内压力）≤油管抗外挤强度 / 油管抗外挤安全系数。

（2）热稳定性。

根据地层温度、试油时间调整工作液的配方，要求试油期间液体性能稳定，不变质，不沉淀，并且其性能应通过相关实验进行验证。

（3）配伍性。

工作液不能与其他入井流体相互影响，形成沉淀或发生性质的变化；工作液性能不应受地层流体的影响，若地层流体中含有 H_2S，应调整工作液 pH 值并适当添加除硫剂。

3.5.2.2 压井液

（1）压井液密度设计需要考虑压井液安全附加值、储层物性和储集空间、压井液性能、油层套管抗内压强度等因素。

（2）确定压井液密度时应考虑压井液密度对井口操作压力的限制，需要综合考虑地层压力及油层套管强度，优化压井工艺，合理调整压井液密度和套压控制，确保井筒安全。

3.5.3　试油管柱

3.5.3.1　试油管柱设计

（1）管柱设计应符合 3.4.2.1 的要求。

（2）规格及材质选择。

①规格。

管柱外径选择应考虑工具通过性和处理井下复杂（落鱼打捞等）的要求；管柱内径选择应满足储层改造、排液和测试的要求。

②材质。

管柱材质的选择应考虑氢脆、酸性气体腐蚀、管柱震动磨损、冲蚀等因素。作业中管柱震动产生的磨损及地层出砂对管柱内壁的冲蚀等，都会减少管柱的服役寿命，给安全生产带来隐患。

3.5.3.2　试油管柱的检测

（1）无损检测。

管柱入井前应做无损检测。

（2）上扣扭矩。

使用液压管钳（定期校核）按推荐或最佳扭矩上扣，对上扣扭矩数据进行存档。

（3）气密封检测。

采用气密封扣油管的试油井，宜在入井时对封隔器以上的每个连接扣进行气密封检测，综合考虑管柱抗内压强度、管柱下入工况下的三轴应力强度及设计安全系数、井口最高关井压力和气密封检测设备的允许最大检测压力来确定实际检测压力值。带有试压阀的试油管柱，在管柱入井后可对管柱进行试压以了解管柱的承压能力。

3.5.4　井下工具

试油井下工具包括试油封隔器、测试阀、循环阀、安全循环阀、压力计等，井下工具选择应符合以下要求：

（1）井下工具的温度级别应根据试油期间预测的最高温度确定，压力级别应根据预测的最高地层压力和最高施工压力中的最大值来确定。

（2）井下工具的材质应根据井筒内的腐蚀环境选用防硫、防 CO_2 材质，如果需要进行储层改造，应使用防酸材质或在改造工作液中添加缓蚀剂。选材时还应避免工具材质与油管材质发生电化学反应。

（3）高温高压井中，井下工具的接头应选用气密封接头，并且工具的组合应在满足试油目的的前提下尽可能简单，避免造成后期作业复杂情况。

（4）其余井下工具选择的要求应符合 3.4.2.2 的要求。

3.5.4.1　试油封隔器

（1）设计依据。

试油封隔器的设计依据为 GB/T 20970《石油天然气工业　井下工具　封隔器和桥塞》和 SY/T 6581《高压油气井测试工业技术规程》。

（2）封隔器坐封位置选择。

封隔器坐封位置应尽量靠近试油层顶部，坐封段优先选择套管外固井质量连续中—优，应避开套管接箍 2m 以上。采用悬挂尾管完井方式时，封隔器坐封位置优先选择坐在尾管悬挂器上部；若封隔器坐封在尾管内，应根据井完整性评价结果确定是否对尾管悬挂器进行负压验窜。

（3）封隔器压力等级的选择宜考虑但不限于以下内容。

①最大储层压力（预测值）或注入时井底压力减去封隔器上部的静液柱压力。

②在油管泄漏情况下，最大压差等于环空压力加上环空静液柱压力，再减去储层压力。

③油管柱掏空时，最大压差为环空操作压力加上环空静液柱压力。

④试油封隔器应进行风险评估和失效模式分析。若使用可

回收式封隔器，应通过封隔器受力分析以保障封隔器不会在测试期间失封。

（4）检测与确认。

①服务方应提供有关检测文件，并填写检查清单。

②工具、接头应配齐相应的试压合格证随工具一起送井，现场监督应按照检查清单对到井设备进行检查并签字确认。

3.5.4.2　井下测试工具

高温高压及高含硫气井优先选用压控式全通径测试工具。

3.5.4.2.1　井下测试工具的设计

井下测试工具设计参考 NORSOK 007 和 NORSOK D010 标准，其设计应满足以下要求：

（1）通过地面操作环空压力来控制井下测试工具。

（2）能够承受来自其上部和下部可能的最大压力，设计安全系数不低于试油管柱的整体设计安全系数。

3.5.4.2.2　井下测试工具的检测与确认

（1）室内准备。

①井下测试工具应在现场安装前按流动方向进行试压和功能测试，试压值为其额定工作压力，压力稳定且保持 10min 不变。

②维护保养与试压：检查井下测试工具上下螺纹，确认完好无损；按相关规定试压合格并做好记录。

③准备好配件及相应配合接头，并填写上井清单；

④库房根据上井清单填写设备性能卡，上井人员核实工具编号与设备性能卡编号是否一致；填写检查清单。

⑤所有上井工具都要按照检查清单对到井工具、仪器进行检查并签字确认。工具、接头、设备配齐相应的试压合格证；配套资料必须随工具一起送井。

（2）现场检查。

①现场对井下测试工具进行内外径的测量，确认是否与井筒匹配，并做好相关记录；

②现场监督对到井工具、仪器进行检查并签字确认。

3.5.4.3　其他井下工具

其他井下工具包括伸缩接头、取样工具、安全接头、震击器等。所有井下工具的强度应不低于与之连接的管柱本体，相应密封件温度等级应不低于地层温度。

3.6　试油管柱校核

高压油气井试油设计应进行管柱力学分析和强度校核。分析和校核过程中应综合考虑管柱结构、井口与封隔器类型、井下工具（封隔器、伸缩管、开关阀等）状态、管柱内外流体密度与流量、温度与压力变化等因素，计算各工况下管柱的轴向变形、载荷及三轴应力强度安全系数，校验管柱三轴应力强度安全系数是否符合标准要求；若通过控制井口油套压差、增加释放悬重、增加伸缩管等方式，安全系数仍不能满足标准要求，则重新进行管柱设计。试油管柱的所有组件都必须经过载荷工况检验，计算管柱的轴向载荷和三轴载荷，并明确管柱中最薄弱点的位置。

管柱校核内容应参考表 3-2 中的载荷工况。

表 3-2　试油管柱校核工况表

类型	工况	备注
外挤	低产	油管内仅气柱压力，封隔器上部油管是否会被挤毁、封隔器下部套管是否会被挤毁
	环空压力上升	计算环空最大带压值，防止油管被挤毁
	对 A 环空进行压力测试	计算油管平衡压力大小，防止造成封隔器上部油管被挤毁
	油管泄漏	最大危险点为封隔器上部油管
内压	试压	施加的压力是否会超过油管抗内压强度
	热关井	是否会超过油管抗内压强度
	注入（改造、压井等）	油套压差是否会超过油管抗内压强度
	初次热压井	初次泵注压井液，地面压力要大于关井压力，高温持续时间有限，计算最低环空平衡压力

续表

类型	工况	备注
内压	油管传输射孔枪点火	射孔瞬时高压是否会超过油管屈服强度
轴向	上提解卡	上提载荷是否会超过抗拉强度
	冷流体注入（试压、改造、压井等）	冷流体导致的油管收缩是否会使封隔器解封
三轴应力	以上所有工况	

3.6.1 试油管柱单轴校核主要内容

3.6.1.1 抗拉强度校核

（1）按下式要求计算空气中油管抗拉安全系数。

$$K_{空抗拉} = 油管抗拉强度 / 累计重量$$

（2）计算液体中的油管抗拉安全系数采用下式

$$K_{液抗拉} = 油管抗拉强度 / （累计重量 - 浮力）$$

（3）在相同尺寸的井眼中按等剩余抗拉强度原则确定组合油管的长度，要求组合试油管柱在空气中的轴向抗拉安全系数应大于 1.60。

（4）使用可取式封隔器的管柱，组合试油管柱的最小剩余拉力不得低于 500kN。

3.6.1.2 油管控制参数计算

（1）油管控制参数计算包括抗内压强度校核、抗外挤强度校核。

（2）抗内压强度校核应计算管内分别为清水、纯气时油管允许的最高油压，以确定油管能否满足稳定关井的要求。

（3）抗外挤强度校核应计算管内为清水时油管允许的最高套压和最大掏空深度，管内为纯气时油管允许的最低油压。

（4）油管参数应以厂家提供参数为准，高温气井还应考虑温度对油管强度的影响。

（5）油管控制参数计算方法同套管控制参数计算方法，其中的抗内压、抗外挤安全系数取值按 3.6.2.2。

3.6.2　试油管柱三轴校核

3.6.2.1　试油管柱三轴校核内容

（1）试油管柱三轴校核应综合考虑管柱在井内温度压力变化对管柱的强度影响，客观真实反映管柱在井内的受力状态。

（2）三轴校核应计算出试油管柱在不同工况及受力条件下每段油管的三轴应力安全系数，给出最低安全系数及薄弱点位置。

（3）三轴校核应计算出封隔器在不同工况下的受力，对于使用完井封隔器的试油管柱，应确保封隔器受力在封隔器性能信封曲线内。

（4）三轴校核应计算出不同工况及受力条件下使用的伸缩管长度，确定伸缩管位置。

（5）三轴校核应计算出不同工况及受力条件下需要施加的环空平衡压力。

3.6.2.2　安全系数选取

（1）抗内压强度安全系数取 1.25。

（2）抗外挤强度安全系数取 1.40。

（3）开井、储层改造工况下全井管柱的三轴应力强度安全系数应大于 1.60；其他工况下全井管柱三轴应力强度安全系数应大于 1.50。

3.6.2.3　计算步骤

（1）收集力学校核基础数据，包括但不限于层位、井眼轨迹、储层压力、储层温度、预计产量、储层物性、流体类型、地层破裂压力梯度、油管参数、井下工具（封隔器、井下测试工具、伸缩管等）参数、储层改造施工参数、液体类型及密度、液体规模、摩阻系数等。

（2）初始条件分析。

①从测试管柱入井到压井起出管柱，有下管柱、替液、封隔器坐封、排液、储层改造、求产、关井等工况，一般选择封隔器坐封工况作为管柱力学校核的起始点，应获得加压坐封封隔器释放的悬重，液压封隔器启动坐封所需的压力值。

②地面温度应与当地实际地面温度一致，考虑季节性影响。

③地层压力与温度应依据试油地质设计中提供的地层温压资料，优先采用本井实测的地层温压资料。

④储层改造液体类型及密度、液体规模、摩阻系数以及地层破裂压力梯度应与储层改造设计保持一致。

⑤生产压差、预计产出流体及产量应依据产能预测数据。

（3）根据试油作业的工序，计算各工况下的管柱受载，推荐重点考虑但不限于排液求产（包括管柱最低油压）、储层改造（低挤、正常泵注、砂堵）、关井等工况进行计算。

①排液求产（包括管柱最低油压）工况的计算包括。

a.计算排液求产工况下各段油管的三轴应力；

b.计算排液求产工况下各段油管的最低三轴应力安全系数，确定管柱的薄弱点；

c.计算排液求产工况时油压、套压的控制范围及封隔器受力情况。

②储层改造（低挤、正常泵注、砂堵）工况的计算包括。

a.计算储层改造工况下各段油管的三轴应力；

b.计算储层改造工况下各段油管的最低三轴应力安全系数，确定管柱的薄弱点；

c.计算储层改造工况时需加伸缩管长度及位置、封隔器有效坐封所需释放的悬重、环空平衡压力的控制范围及封隔器受力情况。

③关井（求产后关井、长期关井）工况的计算包括。

a.计算关井工况下各段油管的三轴应力；

b.计算关井工况下各段油管的最低三轴应力安全系数，确定管柱的薄弱点；

c. 计算关井工况时油压、套压的控制范围及封隔器受力情况。

（4）根据计算结果编写管柱力学校核报告，典型试油井管柱力学校核报告见附录 D。

3.6.2.4　其他注意事项

进行管柱强度校核应考虑以下因素：

（1）应确保油气井所用的套管、油管是符合相应设计及制造要求的。

（2）应考虑井眼弯曲度造成的弯曲应力。

（3）根据压力、温度和轴向载荷检查初始载荷条件，一般情况下，管柱校核初始载荷条件为坐封封隔器后的井内状况。

（4）根据流体性质、储层参数预测不同工况下压力温度变化，推荐使用井下压力计取得各极端工况条件下的管内外温度、压力来校正温度压力预测的准确性。

（5）确认使用的抗内压强度、抗外挤强度、轴向抗拉强度和三轴应力强度安全系数符合相关标准（或规定）的要求。

（6）由相关标准或厂家提供数据及接头试验获得接头的强度。

（7）若使用伸缩短节，应确认伸缩短节的内外径、伸缩距和强度满足工况要求。

（8）检查油管对封隔器的载荷及封隔器对套管的载荷，油管对封隔器的载荷可以在信封曲线上显示。必要时应分析封隔器对套管的载荷，尤其是未固井的套管。

（9）对高温高压井应充分考虑井筒密闭空间内的压力变化对管柱的影响，尤其是对双封隔器或多个封隔器的管柱，应计算封闭空间内的环空压力变化，确保封隔器间的管柱及封隔器的安全。

（10）应充分考虑部件的材料性质差异。不同的材料可能具有不同的性质，例如温度对弹性模量、泊松比、屈服强度的影响，以及各向异性变量等。此外，由于加工工艺的不同，相同合金材料制成的耐腐蚀合金也可能具有不同的性质。

3.7 试油过程中的井完整性控制和监控要求

高温高压及高含硫井试油设计中应制定详细的试油过程井完整性控制和监控要求，制定整个施工过程的施工参数控制和井屏障部件的监控要求。

3.7.1 试油过程中的井完整性控制

3.7.1.1 替液过程中的油套压力控制要求

替液前应通过油层套管安全强度分析，确定安全的替入液密度，替液过程中应控制好井口压力。替液期间的井口压力控制范围应综合考虑井口额定工作压力、油管强度、封隔器及井下工具承压能力、封隔器下部油层套管强度及管柱力学校核结果。

3.7.1.2 储层改造期间的油套压力控制

（1）油压控制要求

储层改造期间的井口油压既要满足储层改造的需求，同时应确保油套管安全。施工泵压上限值应综合考虑井口、管柱校核结果和封隔器下部套管强度。

（2）A 环空压力控制要求

以确保改造过程中管柱、封隔器和封隔器上部油层套管安全为基本原则，通过管柱力学分析确定 A 环空压力控制范围。

（3）B、C、D 环空压力

以目前国际上应用最广泛的 API RP 90-2《离岸井的环形套管压力管理》和 ISO/TS 16530-2《井的完整性　第 2 部分：操作阶段井的完整性》中环空压力许可值计算方法为基础，结合高压井实际，应充分考虑 B、C、D 各环空压力控制范围的所有关键影响因素，计算储层改造期间 B、C、D 各环空压力许可值，计算方法见附录 E。

3.7.1.3　排液期间的油套压力控制

（1）油压控制要求。

排液期间随着井筒内液体减少，地层流体进入井筒，在此期间应控制好油压，避免油压过低导致的管柱或套管被挤毁。油压控制范围应综合考虑井口额定工作压力、油管强度、封隔器及井下工具承压能力、封隔器下部油层套管强度及管柱力学校核结果。

（2）A 环空压力控制要求。

以确保排液期间油管柱、封隔器和封隔器上部油层套管安全为基本原则，通过管柱力学分析确定 A 环空压力控制范围。

（3）B、C、D 环空压力控制要求。

排液过程中 B、C、D 环空压力的控制范围和要求与改造过程相同。

3.7.1.4　掏空作业过程中的油套压力控制要求

试油过程中常采用降低井筒内液柱压力来诱喷，掏空是常用的诱喷方式。在计算掏空深度时应注意以下几点：

（1）油管内外流体类型及密度。

（2）封隔器承压能力。

（3）油管抗外挤强度。

（4）封隔器下部套管抗外挤强度（射孔段套管剩余强度）。

（5）地层坍塌压力。

（6）套管外复杂岩性地层。

（7）其他可能造成地层伤害的因素，如地层水锁、水锥等。

高温高压及高含硫井掏空作业宜采用连续油管注液氮或氮气的方式，连续油管可采用定时定深的方法，逐步降低油管内液柱高度。与掏空作业相关的井屏障部件是试油管柱和封隔器下部油层套管，因此掏空作业期间应控制好油压，避免油压过低导致的油管柱或套管被挤毁。油压控制范围应综合考虑井口额定工作压力、油管强度、封隔器及井下工具承压能力、封隔器下部油层套管强度及管柱力学校核结果。

3.7.1.5　测试求产期间的油套压力控制要求

通过管柱力学校核，确定测试期间不同油压下的 A 环空压力，并绘制油压和 A 环空压力控制图。关井工况是测试期间的极端工况，应通过及时补压、泄压使油套压差处于安全可控范围，确保试油管柱安全。

测试过程中 B、C、D 环空压力的控制范围和要求与改造过程相同。

3.7.1.6　试油过程中的完整性控制措施

（1）气层产能试井作业，可在排完液垫后延长放喷时间，待地层污物排净、井口流动压力稳定后再按试井设计进行开关井。

（2）井下关井后，应适度保持管柱内的压力直至关井结束。

（3）开关井结束后，用压井液压井，循环观察无后效，方可转入下步作业。

试油作业过程中的其他完整性控制要求参见附录 F。

3.7.1.7　试油过程中异常情况处理

（1）测试过程中环空压力异常危及到井筒安全时，立即终止测试，采取相应措施。

（2）测试过程中检测到的硫化氢含量超过管柱或地面设备的适用范围时，立即终止测试。

（3）测试过程中检测到井场环境硫化氢含量超过 20ppm，危害人员安全时，中止测试，待采取相应安全措施后再开井测试。

（4）地层出砂严重又无可靠的地面除砂设备，应中止地面测试，待安装好除砂设备后再开井测试。

（5）发现地面油气泄漏，视泄漏位置及时关闭油嘴管汇、地面安全阀或采油树生产阀门，对泄漏设备进行整改。

（6）发现采油树渗漏，应及时整改，合格后再进行测试；如果泄漏严重又不能有效处理，终止测试。

（7）发生井口油气失控，按井控管理规定处理。

（8）测试封隔器管柱入井、坐封过程中射孔枪意外起爆，应立即抢装内防喷工具并控制节流循环压井，井内平稳后起出测试管柱。

3.7.1.8　试油过程中环空泄压、补压作业要求

在试油过程中，应密切监控各环空压力，一旦超出规定的环空压力安全范围，应及时进行泄压、补压。特别是求产初期，由于井筒温度的快速升高，井筒温度效应易导致环空带压。

若环空压力泄放后能在较短时间内升高并超出安全范围，应及时上报管理部门并采取应急措施，同时开展环空带压分析或诊断测试，一旦确定为井屏障部件出现问题导致的持续环空带压，应开展持续环空带压原因分析，评估泄漏途径和压力源，并评估潜在风险，在此基础上确定下步井完整性管理方案。

对环空进行泄压前，应评估泄压导致环空带压问题恶化的风险，应尽可能减少泄压的频率和泄放的流体量，并控制好泄放速度。同时，在环空泄压后应评估是否用流体将环空补满。

对各环空的每次泄压、补压进行记录，便于后期的井完整性分析和评估。至少应对以下几个方面进行记录并保存：

（1）泄压、补压开始和结束时间；泄压、补压期间各环空压力的变化情况；

（2）从环空中泄放或补充的流体类型、流体量和流体性质；

（3）泄压、补压过程对其他环空和油管的压力影响情况；怀疑存在持续环空带压时，应对泄放流体组分、性质进行实验分析。

3.7.2　试油过程中的井完整性监控

3.7.2.1　试油井口的监控

通过压力、温度的连续监测和定期巡检来分析判断试油井口工作情况。

3.7.2.2　井控装备的监控

按相关规程定期对井控设备进行维护和保养。

3.7.2.3　试油工作液的监控

（1）供应商应提供试油工作液及其添加剂的主要成分以便于业主方对其进行评价和检验。宜在采购前对试油工作液的制造商进行审查，以确认其生产能力和保证产品质量的能力。

（2）业主方依据试油工作液及其添加剂的质量检测标准或管理办法，在到货质量检验以外，定期或不定期进行质量抽查。

（3）在作业过程中应对试油工作液的配制过程进行监控，确保其性能指标符合设计要求。

3.7.2.4　管柱及井下工具的监控

实时监测 A 环空压力或连续监测 A 环空液面，判断管柱及井下工具的完整性。

3.7.2.5　环空压力的监控

对各环空压力进行实时监测。

3.8　储层改造井完整性设计的特殊要求

储层改造井完整性设计主要针对套管、试油管柱、井口。

3.8.1　对生产套管的要求

3.8.1.1　套管强度

油气井选用的套管应符合 GB/T 19830《石油天然气工业 油气井套管或油管用钢管》或相关标准的要求，套管强度应能承受钻井、修井、储层改造、生产载荷，要考虑腐蚀、冲蚀和其他因素的影响。油层套管及附件是直接与储层改造液体接触的井筒部件，强度校核时应考虑以下因素。

（1）储层改造压力是油层套管受到的较大载荷之一。

（2）在储层改造过程中温度变化导致上部套管受到较大的附加拉伸载荷。

（3）在水平井中弯曲载荷始终存在，井眼轨迹和狗腿度会影响载荷。

（4）套管和接头的选择应考虑以下因素：

①储层改造载荷。

②排液载荷。

③生产载荷。

④下套管时，旋转扭矩不要超过套管上扣扭矩额定值。

⑤接箍抗弯强度。

⑥抗拉、抗压强度。

⑦气密封性能要求。

⑧疲劳荷载。

（5）腐蚀、冲蚀和其他因素。

（6）套管磨损。

3.8.1.2 套管试压

在压裂作业前，生产套管应进行试压以了解套管实际承压能力是否满足压裂作业要求。如果生产套管的完整性不足以承受改造所需压力，应考虑另外的补救措施或方法，如使用封隔器将套管柱和压裂管柱隔离开，或者套管预留压力以进行水力压裂操作并且保持完整性。

3.8.2 生产尾管

如果下入生产尾管，技术套管就成为生产系统的组成部分。尾管使用膨胀式金属密封器或尾管悬挂封隔器将产层和套管分隔开。生产尾管采用注水泥固井、膨胀式封隔器、可膨胀式工具或者其他方式实现生产层之间的隔离。

使用尾管完井方式的井在压裂前应对尾管上部的技术套管进行磨损分析，其次除试压外，也应验证尾管悬挂器密封可靠性。

3.8.3 套管磨损

在水力压裂之前，应进行套管评价，确定套管是否满足后续施工。如果套管的强度低于设计的安全要求，则需要下入隔离管柱（如回接套管）。

在储层改造作业中，应注意套管的冲蚀，以下因素可能导致套管发生严重冲蚀：

(1) 大位移井或水平井多级储层改造。

(2) 使用非球形支撑剂。

(3) 使用 API 的接箍或非内平的接箍。

(4) 套管存在变径。

(5) 井底流体流速过高。

(6) 以上因素的综合作用。

3.8.4　储层改造管柱设计

储层改造管柱是一道井屏障，可以是油管、钻杆或套管，应对管柱进行定期检测。试油管柱一般可以满足酸化、酸压的要求，加砂压裂管柱和大排量酸压管柱一般由封隔器和油管组成，也可以是光油管或套管等，其管径和强度应满足储层改造施工参数的要求，管柱设计方法参见 3.5.3.1，管柱校核方法可参见 3.6。

3.8.5　井口

井口装置作为井屏障系统，为井安全提供压力支撑和结构支撑。通过井口装置分离油压和套压，同时井口装置应满足储层改造的最大施工压力、排量、腐蚀、冲蚀等要求，若不能满足，则采用井口保护器、防腐等相关的保护措施。

3.9　高含硫井的特殊要求

试油压井液中应加入除硫剂，并将压井液 pH 值调整至 9.5以上；采用钻杆测试时，液垫应加入缓蚀剂。推荐采用双流程和密闭燃烧装置，应配备硫化氢在线检测设备和环境实时监测设备。

3.10　各施工节点的完整性评价

试油井完整性评价应涵盖试油作业所有工序，包括但不限于以下内容：试油前准备、通井刮壁、负压验窜、射孔、下试油管柱（或射孔测试联作管柱）、替液、坐封、换装井口、排液、测试、储层改造、改造后排液测试、关井测压、试采、压井、起管柱、封闭（暂闭、弃置）等。

（1）针对各施工工况开展评价，基本方法为：

①分析施工过程，明确整个施工过程是否正常。

②施工参数是否在设计要求范围内，必要时重新开展相关计算。

③针对各井屏障部件开展评价，推荐采用清单式评价方法，典型评价清单见附录 G。

④通过以上分析，判断井屏障部件性能是否发生改变，为下步方案的制定提供依据。

（2）典型工况下需重点评价的内容如下：

①射孔。

射孔作业造成射孔段套管强度的降低（在套管强度计算时考虑）。

②替液。

过大的压差可能造成套管失效。

③储层改造。

储层改造工况对套管、试油管柱的影响（需要对储层改造后的试油管柱进行再评估）。

④排液。

掏空深度过大可能造成管柱失效、套管挤毁。

⑤测试。

生产压差过大可能造成管柱失效、套管挤毁；测试封隔器对套管造成的损伤。

⑥封闭。

应评价水泥塞、桥塞等井屏障部件的完整性。

4 完井投产井完整性设计

高温高压及高含硫井完井投产期间的井完整性除面临与试油作业相似的难题外，还要考虑长期生产中的流动保障、腐蚀和冲蚀、油管内作业、屏障部件疲劳失效等可能带来的风险，这些风险需要在完井投产井完整性设计中充分考虑。

4.1 设计基础

4.1.1 设计依据

高温高压及高含硫井完井投产阶段的完整性设计主要依据《高温高压及高含硫井完整性指南》和中国石油油勘〔2009〕44号《高温高压深层及含酸性介质气井完井投产技术要求》。

4.1.2 设计主要参考标准

下列标准的最新版本为完井阶段完整性设计的支撑标准：

GB/T 17745《石油天然气工业　套管和油管的维护与使用》（ISO 10405）

GB/T 22513《石油天然气工业　钻井和采油设备—井口装置和采油树》（API 6A /ISO 10423）

GB/T 21267《石油天然气工业　套管及油管螺纹连接试验程序》（ISO 13679）

SY/T 5678《钻井完井交接验收规则》

SY/T 5792《侧钻井施工作业及完井工艺要求》

API Spec 14A《井下设备　井下安全阀》

API Spec 11D1《井下工具　封隔器和桥塞》

API RP 14B《井下安全阀系统　设计、安装、操作和维护》

API RP 100-1《水力压裂　井完整性和裂缝控制》

ISO 13679《套管及油管螺纹连接试验程序》

4.2 设计原则

在制定开发方案时，应充分考虑完井投产作业及长期生产期间对井完整性的要求。

完井投产井完整性设计由完井前井屏障完整性评价、井屏障部件设计、井屏障完整性控制措施等三部分组成，各部分内容的设计原则为：

（1）完井前的井完整性评价应包括地层完整性评价、井筒完整性评价和井口完整性评价三部分，分别评价地层、井筒和井口屏障部件的完整性，明确地层、井筒和井口装置现状及屏障失效造成的潜在风险。

（2）井屏障部件设计应结合井完整性评价得出的井屏障现状和潜在风险，设计第一井屏障，并根据完井方案、完井工艺对第一井屏障进行评估，绘制完井各阶段的井屏障示意图具体参见附录 H。

（3）井屏障完整性控制应根据第一井屏障设计与评估结果、第二井屏障评价结果，结合各井屏障部件的设计参照标准和需要考虑的因素，确定井屏障部件初次验证和长期监控要求。初次验证应针对完井投产作业期间的所有恶劣工况条件，通过管柱校核、制定作业控制参数来保证完井管柱、井下工具和附件等井屏障部件的安全。

4.3　完井前的井完整性评价

4.3.1　地层完整性评价

见 3.3.1。

4.3.2　井筒完整性评价

4.3.2.1　前期试油情况评价

完井前应对作业井的试油情况进行分析，包括每次试油作业的层位、井段、试油工艺、储层改造情况、测试成果（测试压力、时间、测试产量）、产出流体及流体中 H_2S 和 CO_2 等有毒有害气体含量，评价试油作业对完井投产作业井完整性的影响。

分析每次试油后试油层段封闭方式及试压情况，判断试油层是否有效封闭，评价完井作业前井筒完整性。

4.3.2.2　井筒完整性评价其他内容

见 3.3.2。

4.3.3　井口完整性评价

井口屏障部件的完整性分析与评价参见 3.3.3 和 3.5.1。

4.3.4　环空压力分析

环空压力情况分析参见 3.3.4，同时采用该方法对 A 环空压力进行分析。

4.3.5　井完整性评价结论

（1）根据地层、井筒、井口完整性分析结果，结合地质资料和试油资料分析，对完井作业前井完整性给出明确结论。

（2）对完井前井屏障所作测试不符合标准及规范要求的，应根据实际情况进行判断，并按相关标准及规范进行补救，补救后的井屏障应按相关标准及规范重新进行测试。

（3）钻井、固井、试油作业过程中出现的井下复杂、事故对井屏障的负面影响应重点评价。

（4）井屏障部件（如固井后的生产套管）的评估应考虑从完井到弃置的整个生命周期可能发生的情况。

（5）识别完井作业潜在危害，并制定相应的削减措施。

4.4　完井工艺设计

高温高压及高含硫油气井完井工艺设计是井完整性设计的重要组成部分，除要考虑完井管柱的完整性外，还要考虑完井工艺的适应性。

4.4.1　工艺选择

高温高压及高含硫油气井优先选用射孔完井方式，完井管柱结构主要由完井封隔器、井下安全阀、油管等组成，满足配产、储层改造和长期安全生产的要求。

4.4.2　流动保障

流动保障关系到一口井的高效开发、使用寿命和经济效益。

生产过程中的水合物、出砂、结蜡和沥青沉积、结垢等问题会影响井的正常生产。冲蚀和腐蚀会导致井内管柱、井口设备、地面管线的破坏，引起环空带压、管线刺漏等问题，带来极大的安全隐患。

4.4.2.1 出砂

地层出砂是一个带有普遍性的复杂问题，而其中弱固结或固结砂岩油层，产量较高、裂缝发育、地应力较高、地层出水的砂岩气层，出砂现象尤为严重。

利用测井资料和室内岩石力学实验数据做好岩石力学参数的计算和校正；利用测井资料、室内岩石力学实验数据、现场测试数据计算地层压力并进行校正；利用测井资料、室内岩石力学实验数据、现场地破实验计算地应力并进行校正；在此基础上计算地层最小出砂压差。

对于地层胶结疏松、易垮塌的油气井，如不需要大规模增产改造即可获得工业油气流，可下入防砂筛管防砂；如需进行大规模增产改造，可选用防砂压裂工艺。如果没有采取主动防砂工艺，依据生产初期出砂的严重程度及出砂类型，结合出砂预测的计算结果，确定合理的生产压差，并进行配产，减小地层出砂量并降低地层砂对管柱及地面的冲蚀。

4.4.2.2 结蜡、沥青质、结垢

含蜡质的油井及凝析气井在生产期间随温度压力降低会析出蜡并堆积在管线内壁，蜡沉积严重时会堵塞管柱及地面设备，造成停产等问题。针对这些问题要进行完整性评估，制定具体的防范和清除措施。

4.4.2.3 腐蚀

腐蚀是指在一定环境下金属发生化学或者电化学反应而受到破坏的现象，目前主要的防护方式是选择耐蚀材料。对于高含酸性介质油气井，需要由专业技术人员通过实验选择合理的耐腐蚀材料或选择合理的缓蚀剂。

4.4.2.4 水合物

依据烃类组成、盐水含量及矿化度、系统的温度压力剖面就可以预测水合物的形成，构建水合物形成区域的相图并采取措施防止水合物的生成，如清除某种组分（如烃类或水）、升高温度或降低压力、加入化学抑制剂等，也可以采用井下节流的方式或地面加热装置来防止水合物生成。

4.4.2.5 单质硫

高含硫气藏开发过程中可能发生硫沉积，发生硫沉积时可采用调整气井工作制度、加热和加溶硫剂等措施。

4.4.3 选材

4.4.3.1 油管材质选择

油管选材应考虑 CO_2、H_2S、地层水等腐蚀介质的影响，选材原则如下：

（1）CO_2 腐蚀环境，根据 CO_2 分压选择相应防腐级别材质（选材可参考生产厂家提供的管柱材质选择图版）。

（2）H_2S/CO_2 共存腐蚀环境，H_2S 分压不小于 0.00034MPa 时，应选择抗硫油管，配合使用缓蚀剂、提高材质级别等措施对 CO_2 腐蚀进行防护（选材可参考生产厂家提供的管柱材质选择图版）。

（3）依据区块相关腐蚀实验结果或参考类似环境的腐蚀实验或应用结果选择合适的材质；H_2S 分压超过 1MPa 时应开展抗硫化物应力开裂适应性评价。

（4）材质选择还可考虑本区块或更苛刻条件下的现场成功应用经验。

4.4.3.2 采油树材质选择

采油树材质选择应考虑 CO_2、H_2S、地层水等腐蚀介质的影响，选材原则如下：

（1）CO_2 腐蚀环境，根据 CO_2 分压确定腐蚀严重程度，选择相应材料级别，不同材料级别井口装置的材料最低要求见表

4-1；环境腐蚀性划分与CO_2分压的对应关系见表 4-2。

表 4-1 采油树材料级别及相应材料最低要求

材料级别	材料最低要求	
	本体、盖、端部和出口连接	控压件、阀杆和芯轴悬挂器
AA——一般使用	碳钢或低合金钢	碳钢或低合金钢
BB——一般使用		不锈钢
CC——一般使用	不锈钢	
DD——酸性环境[a]	碳钢或低合金钢[b]	碳钢或低合金钢[b]
EE——酸性环境[a]		不锈钢[b]
FF——酸性环境[a]	不锈钢[b]	
HH——酸性环境[a]	耐蚀合金[b]	耐蚀合金[b]

[a] 指按 GB/T 20972.1 定义。

[b] 指符合 GB/T 20972.2 和 GB/T 20972.3。

表 4-2 CO_2 分压与环境腐蚀性划分对照表

相关腐蚀性		CO_2 分压	
		MPa	psi
一般使用	无腐蚀	< 0.05	< 7
一般使用	轻度腐蚀	0.05 ~ 0.21	7 ~ 30
一般使用	中度至高度腐蚀	> 0.21	> 30
酸性环境	无腐蚀	< 0.05	< 7
酸性环境	轻度腐蚀	0.05 ~ 0.21	7 ~ 30
酸性环境	中度至高度腐蚀	> 0.21	> 30

（2）H_2S/CO_2 共存腐蚀环境，根据 GB/T 20972.2，按表 4-3 选择采油树材料级别。

表 4-3 采油树材料级别

材料级别	工况特征	p_{H_2S}, psi	p_{CO_2}, psi
AA	一般使用——无腐蚀	< 0.05	< 7
BB	一般使用——轻度腐蚀	< 0.05	< 30
CC	一般使用——中到高度腐蚀	< 0.05	≥ 30
DD	酸性环境——无腐蚀	≥ 0.05	< 7
EE	酸性环境——轻度腐蚀	≥ 0.05	< 30
FF	酸性环境——中到高度腐蚀	≥ 0.05	≥ 30
HH	酸性环境——严重腐蚀	≥ 0.05	≥ 30

（3）还可考虑本区块或更苛刻条件下的现场成功应用经验。

4.5　主要井屏障部件的设计、安装和测试

4.5.1　采油树

所有的高温高压及高含硫生产井或注入井都必须安装采油树，采油树上必须安装井口油压和 A 环空压力连续监控传感器，传感器的控制系统能够报警。

4.5.1.1　采油树的设计、安装

（1）设计

采油树设计的主要依据为 GB/T　22513—2013《石油天然气工业　钻井和采油设备　井口装置和采油树》、GB/T　20972—2007《石油天然气工业　油气开采中用于含硫化氢环境的材料》，应满足以下要求：

①根据地层流体产出时温度和周围环境温度确定采油树温度级别，并考虑近 30 年内极端环境低温。具体的温度级别见表 4-4。

表 4-4　采油树温度级别

温度级别	作业温度范围，℃	
	最低	最高
K	−60	82
L	−46	82
N	−46	60
P	−29	82
R	室温	
S	−18	60
T	−18	82
U	−18	121
V	2	121
X	−18	180

②根据最大井口关井压力和最大井口施工压力两者中最大值确定采油树的压力级别。

③根据地层流体性质、温度、产量、H_2S 和 CO_2 分压综合选择采油树的材料级别。

④高压、超高压气井采油树的性能级别要求为 PR2。

⑤高压、超高压气井采油树的产品规范级别要求为 PSL3G，其他类型的规范级别要求为 PSL3。

⑥采油树的配备要求。

a. 超高压井应在井的油气流动通道上至少安装一个液动安全阀；

b. 可进行绳缆或连续油管作业；

c. 根据需要配备控制管线的穿越孔，控制管线的穿越孔上应安装截止阀；

d. 两翼均应预留安装压力和温度传感器的接口；

e. 油管挂主密封应采用金属对金属密封；

f. 所有连接、阀本体等应具备防火能力。

（2）安装

采油树的安装要求参见 3.5.1.2。

4.5.1.2 采油树的测试

（1）应建立生产期间的采油树维护、保养和测试制度。

（2）其余采油树的测试内容参见 3.5.1.1.3。

4.5.2 完井液

完井液优先选用无固相液体体系，以尽可能减少地层伤害。完井液的设计应遵循以下原则：

（1）具备良好的传压能力，可重复利用。

（2）与不同工作液体体系、裸眼井段中或射孔作业后暴露的地层、地层流体等有较好的配伍性。

（3）密度应考虑作业期间环空压力操作及长期生产、关井等需要。

（4）防腐性能指标应满足与之接触的油管、套管、井口、井下工具等的防腐要求。

4.5.3 完井管柱

完井管柱是油气生产的通道，要求在包括完井、储层改造及长期生产在内的整个气井生命周期内保持完整性，不会发生渗漏、变形、破裂等异常情况。

4.5.3.1 完井管柱设计原则

总原则首先要形成一道合格安全的井屏障，其次工艺方法适用、易于操作兼顾高效经济，满足油气长期生产需要。

（1）管柱简化原则。

管柱在满足油气生产需要的前提下尽可能简化，必要时甚至要减少和牺牲部分功能，或通过其他方式实现。如压井功能，可以通过在油管内实施射孔开孔来提供压井循环通道。

（2）强度优化原则。

为降低完井成本同时满足长期安全生产的要求，深井一般会采用多种规格的油管组合，因此在设计阶段采用等剩余强度方法进行管柱初步设计。等剩余强度是指每一段油管的抗拉强度减去累计重量后的剩余抗拉强度大致相同。

（3）通径最大原则。

选择安全阀、封隔器等井下工具时，除应考虑与套管内径相适应外，应尽量争取最大通径，以利于生产测井、连续油管冲砂等作业顺利实施。

（4）防腐蚀。

高压高温高含硫井大多处于严重腐蚀环境，为保证管柱的长期完整性，应充分考虑材料的耐腐蚀性能。根据需要，管柱应具备缓蚀剂注入功能。

（5）其他特殊要求。

对于含蜡的凝析气井，在完井管柱设计时应考虑满足后期清蜡作业的要求，如不下入井下安全阀或下深井安全阀为机械清蜡创造条件；或下入高压化学注入阀以便注入溶蜡剂。

对于地层可能出砂，而又未采用防砂筛管完井的井，可考虑在完井管柱下部设计沉砂管，管柱通径满足连续油管冲砂的要求。

对于观察井和资料井，完井管柱应满足后期生产资料录取的要求，如在管柱上设计投入式井下压力计坐落接头或管柱内径及下深满足生产测井的要求。

4.5.3.2 完井管柱尺寸选择

完井管柱尺寸选择应考虑的因素如下：

（1）井身结构。

（2）预期井产量／注入量。

（3）储层改造。

（4）井下安全阀、封隔器等工具尺寸。

（5）井下故障复杂处理。

（6）控制管线和化学剂注入管线。

（7）人工举升设计。

（8）投产期间携液能力。

（9）生产测井的要求。

4.5.3.3 完井管柱的检测

（1）无损检测。

管柱入井前应做无损检测。

（2）上扣扭矩。

使用液压管钳（定期校核）按推荐或最佳扭矩上扣，对上扣扭矩数据进行存档。耐蚀合金油管应使用专用的微压痕或无压痕液压管钳。

（3）气密封检测。

①采用气密封扣油管的完井管柱，应在入井时对封隔器以上的每个连接扣进行气密封检测。

②检测压力要求：综合考虑管柱抗内压强度、管柱下入工

况下的三轴应力强度及设计安全系数、井口最高关井压力和气密封检测设备的允许最大检测压力来确定实际检测压力值。

4.5.4 完井工具

4.5.4.1 完井封隔器

完井封隔器的功能是在完井管柱和套管之间形成密封，以防地层流体流入环空，达到保护套管的目的。主要性能要求包括类型、工作压力、工作温度、最小内通径、坐封方式、螺纹类型、防腐性能、强度等。

4.5.4.1.1 完井封隔器设计

（1）设计依据。

完井封隔器设计的主要依据为 GB/T 20970《石油天然气工业 井下工具 封隔器和桥塞》和中国石油油勘〔2009〕44号《高温高压深层及含酸性介质气井完井投产技术要求》。

（2）设计考虑因素

①完井封隔器应优先选择永久式封隔器。高温高压及高含硫气井应选用 V1 等级及以上的永久式封隔器。

②完井封隔器的设计需要考虑后续井内可能存在的压差、温度、生产或注入流体的最大预期载荷。

③封隔器坐封位置优先考虑管外有连续 25m 以上固井质量优良的套管段，避开套管接箍 2m 以上。

④如果使用能够机械解封的永久式完井封隔器，下入的工具应不会损害其密封性能，也不会使其意外启动或解封。

⑤完井封隔器的材质，应满足储层改造、测试、长期生产、排水采气等作业的要求。

封隔器压力等级的选择要求同 4.5.4.1 中相关内容。

4.5.4.1.2 完井封隔器设计

4.5.4.1.2.1 入井前的测试

（1）室内试验。

要求供方/制造商提供满足相应等级的等级结构试验报告，确认合格并归档（具体设计确认等级见表 4-5）。

表 4-5　设计确认等级结构

设计确认等级	包含等级
V0	V0、V1、V2、V3、V4、V5、V6
V1	V1、V2、V3、V4、V5、V6
V2	V2、V3、V4、V5、V6
V3	V3、V4、V5、V6
V4	V4、V5、V6
V5	V5、V6
V6	V6

注：V6 来自供方／制造商规定；V5 来自液体试验；V4 来自液体试验和轴向载荷试验；V3 来自液体试验、轴向载荷试验和温度变化试验；V2 来自气体试验和轴向载荷试验；V1 来自气体试验、轴向载荷试验和温度变化试验；V0 来自气体试验、轴向载荷试验、温度变化试验和零气泡接收标准。

（2）室内准备。

①维护保养与试压：检查封隔器胶筒及上下螺纹，确认完好无损；用钢销插入坐封外筒的试压孔中，连接试压管线，对封隔器内部试压 5MPa/15min，具备条件时应试压至额定工作压力，无泄漏为合格。

②检查坐封销钉数量和规格是否正确且安装到位；不同批次的销钉应做剪切试验。

③准备球座，安装正确数量的剪切销，并做灌水密封试验。

④准备好配件及相应配合接头，并填写上井清单。

⑤库房根据上井清单填写设备性能卡，上井人员核实工具编号与设备性能卡编号是否一致。

（3）现场检查。

①现场检查所有工具是否与工程设计相符。

②检查封隔器胶筒、卡瓦及销钉，确认工具在运输途中是否受损。

③现场对封隔器及配套工具进行内外径的测量，是否与井筒匹配，并做好相关记录。

④现场监督要按照检查清单对到井工具、仪器进行检查并

签字确认。

4.5.4.1.2.2　入井后的测试

完井封隔器在坐封后应进行环空加压验证封隔器密封性，试压值应考虑以下因素：

（1）套管综合控制参数。

（2）井口、套管头额定工作压力和试压值。

（3）环空保护液密度。

（4）管柱内外压差。

（5）封隔器工作压力及上下压差。

4.5.4.2　井下安全阀

井下安全阀的功能是预防油气或流体从油管内无控制流出。主要性能要求包括类型、工作压力、工作温度、操作压力、防腐性能、螺纹类型等。

（1）设计。

井下安全阀设计依据 GB/T 28259《石油天然气工业　井下设备　井下安全阀》GB/T 22342《石油天然气工业　井下安全阀系统设计、安装、操作和维护》和中国石油油勘〔2009〕44 号《高温高压深层及含酸性介质气井完井投产技术要求》。

设计需要考虑的因素：

①井下安全阀应设置在井口以下至少 50m 处。

②考虑水合物形成、结蜡、结垢等因素，井下安全阀设置深度应根据井内的压力和温度来确定，但安全阀下深应在最大故障关闭下深以上。最大故障关闭下深是指在发生控制线泄漏或断脱时，即便井口未打压，静液柱压力也能使阀门保持打开状态。

③应选用地面控制、具备故障自动关闭功能的井下安全阀。

④井下安全阀应满足作业工况及关井要求，不应成为完井管柱中的薄弱环节。

⑤井下安全阀阀瓣应使用金属对金属密封。

⑥井下安全阀可以承受井筒内流体的腐蚀和冲蚀。

⑦应考虑生产过程中的结蜡、水垢、沥青质等不利因素。

⑧应制定井下安全阀失效的应对措施。

⑨在安装井下安全阀的井中，井下安全阀应进行功能测试。

⑩地层压力高于 105MPa 的超高压井优先使用非自平衡井下安全阀。

（2）测试。

在送井前进行地面功能测试、操作压力测试和通径检查，空气中关闭时间不超过 5s。应按照流体流动方向进行高压试压，试压使用液体按额定压力进行，稳定 15min，压降不大于 0.7MPa 且表面无渗漏为合格；其中，高压气井按额定压力进行气密封高压试压时，渗漏速率不大于 $0.14m^3/min$，还要求稳压期内无连续气泡。

4.5.4.3　其他附件

完井管柱附件是为完井管柱实现其他功能的辅助部件，例如：气举阀、偏心工作筒、偏心堵塞器、永久温度压力监测、压力计托筒、带有密封 / 连接装置的控制管线等。

（1）设计。

①此类部件的选择应符合 ISO 14998—2013《石油天然气工业　钻孔配件完井附件》及以上的要求。

②在确定设计安全系数时应考虑温度、腐蚀、冲蚀、磨损、疲劳和弯曲的影响。

③在设计 / 选择附件时，其强度和气密封能力应不低于管柱设计要求。

（2）测试

出厂前应按流动方向用高、低压差进行测试。低压测试的最大压力为 7MPa，并提供出厂试压检测报告。下入过程中应按照管柱气密封检测要求对附件进行单独检测。

4.6　完井管柱强度校核

按照中国石油油勘〔2009〕44 号《高温高压深层及含酸

性介质气井完井投产技术要求》的规定，管柱强度校核包括单轴校核和三轴校核，单轴校核可以通过简单的计算得到结果，三轴校核需要综合考虑温度、压力、流体密度的影响，推荐使用成熟的力学分析软件进行三轴校核。

4.6.1 完井管柱单轴校核

计算方法参见 3.6.1，安全系数取值还应参考 4.6.2.2。

4.6.2 完井管柱三轴校核

4.6.2.1 完井管柱三轴校核内容

井下安全阀三轴校核：三轴校核应计算出井下安全阀在不同工况下的受力，应确保井下安全阀受力在其性能信封曲线内。

其余校核内容参见 3.6.2.1。

4.6.2.2 安全系数选取

管柱校核应分析下管柱、坐封、替液、射孔、储层改造、诱喷、开井、关井等完井工序中管柱的轴向变形、载荷和应力，各工况下的三轴应力强度安全系数及抗外挤强度安全系数应满足表4-6、表4-7要求。应结合区块试油结果，对不同油嘴、不同产层性质时的井口温度、压力情况进行分析。

表 4-6　下管柱、坐封、替液、射孔、关井等"静态"
工况下管柱强度安全系数

产层压力	三轴应力强度安全系数	抗外挤强度安全系数
≥ 70MPa	1.5 ~ 1.6	1.3 ~ 1.4
50 ~ 70MPa	1.4 ~ 1.5	1.2 ~ 1.3
≤ 50MPa	1.25 ~ 1.4	1.2 ~ 1.3

注：（1）酸性气井和压力大于 105MPa 的井选用较高的值。（2）本表系数综合考虑 API SPEC 5CT 允许管材壁厚制造误差 12.5%，考虑 API BUL 5C3 计算管材抗挤强度的条件，考虑管材生产质量、油管入井质量、仪器仪表精度等与国外的差距，参考 Halliburton 等公司的做法制定。其余要求见表 5-7 备注。

表4-7　储层改造、诱喷、开井等"动态"工况下管柱强度安全系数

产层压力	三轴应力强度安全系数	抗外挤强度安全系数
≥ 70MPa	1.7 ~ 1.8	1.4 ~ 1.5
50 ~ 70MPa	1.5 ~ 1.6	1.3 ~ 1.4
≤ 50MPa	1.4 ~ 1.5	1.2 ~ 1.3

注：　(1) 酸性气井和压力大于105MPa的井选用较高的值。

(2) 可以通过加伸缩管、环空加平衡压力等方式提高安全系数，使部分安全系数"较低"的井、工况达到表5-6和表5-7规定的值。

(3) 当外压大于内压时，应计算抗挤强度安全系数。

(4) 三轴应力强度安全系数 $= \dfrac{管材屈服强度}{管柱相当应力}$，抗挤强度安全系数 $= \dfrac{管材抗挤强度}{外压 - 内压}$，外压大于内压时。

表4-6和表4-7中的管柱强度安全系数的取值综合考虑了油管几何参数加工误差、高温对材料屈服强度的折减、接头压缩效率、油管入井质量、仪器仪表精度等因素的影响，但在实际校核中应用的成熟力学分析软件，其内部计算已经考虑了部分上述因素，因此，设计人员应了解所用软件计算原理，对产层压力大于70MPa的油气井，为避免重复考虑上述因素，在储层改造、诱喷、开井、关井等工况下，使用成熟力学分析软件进行管柱力学校核时可适当降低三轴应力强度安全系数，但不能低于1.50。

4.6.2.3　计算步骤

井下安全阀校核步骤包括：

(1) 确定安全阀性能信封曲线适用于需校核的井下安全阀。

(2) 计算各工况（极限条件）下安全阀受到的油管作用力。

(3) 将计算结果与安全阀性能信封曲线对照，确保各工况下安全阀受力在性能信封曲线内。

管柱其他部分校核计算步骤参见3.6.2.4，典型的完井管柱力学校核报告参见附录I。

4.6.3　完井管柱校核注意事项

4.6.3.1　油管接头与本体的差异

油管接头的抗压缩强度通常低于本体，因此，油管柱校核时应考虑接头与本体的差异，具体接头的强度应以厂家提供的数据为准。

4.6.3.2　温度对油管强度的影响

温度增加会导致管材屈服强度降低，因此，油管柱校核时应考虑温度对油管强度的影响，以超级13Cr为例，不同材质和厂家的管材降低值不同，屈服强度在149℃通常会降低5%到10%，具体以厂家提供的数据或专门的试验结果为准，首次使用时推荐做温度—管材屈服强度变化曲线，如图4-1所示。

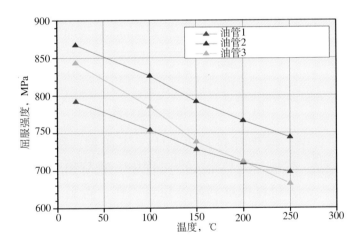

图4-1　几种常用油管屈服强度随温度变化曲线

4.6.3.3　封隔器性能信封曲线

封隔器性能信封是利用计算机模型模拟、有限元分析、数值模拟、实验室试验、油田现场试验等技术，通过曲线图解的方式表征封隔器在合理的拉伸、压缩载荷和压差下的操作范围。

原则上每一只封隔器都有其性能信封曲线。每口井在下完管柱后，封隔器坐封，管柱两端由井口和封隔器限定。井下管柱及封隔器在射孔作业、酸化压裂及生产过程中受到鼓胀、温度、螺旋、射孔冲击力等作用，管柱会发生轴向弯曲变形，由于两端已限定，根据管柱力学计算方法计算出封隔器承受所有的拉压力、环空上下压差、冲击力等载荷，在对照封隔器性能信封曲线判断封隔器的工作状态，从而采取合适的方法避免封隔器失封或在下入封隔器之前及时更换其他的封隔器。典型的封隔器性能信封曲线如图 4-2 所示。

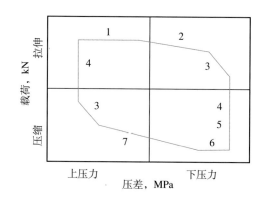

图 4-2　典型封隔器信封曲线

图 4-2 中，横坐标是封隔器上、下压差，纵坐标是拉伸和压缩载荷。在某井的整个生产过程中，载荷和压差要保持在信封范围内，方可以保证封隔器正常工作，否则将会失封或损坏封隔器。

4.6.3.4　其他注意事项

见 3.6.2.4。

4.7　完井过程中的井完整性控制和监控

4.7.1　完井过程中的油套压力控制要求

4.7.1.1　替液过程中的油套压力控制要求

见 3.7.1.1。

4.7.1.2　储层改造期间的油套压力控制

见 3.7.1.2。

4.7.1.3　排液期间的油套压力控制

见 3.7.1.3。

4.7.1.4　完井测试期间的油套压力控制

见 3.7.1.5。

4.7.1.5　生产过程中泄压、补压作业要求

见 3.7.1.8。

4.7.2　完井过程中的井完整性监控

4.7.2.1　井口装置的监控

通过压力、温度连续监测和定期巡检来分析判断井口装置的工作情况。

4.7.2.2　井控装备的监控

完井作业过程中按相关规程定期对井控设备进行维护和保养。

4.7.2.3　完井液的监控

（1）供应商应提供完井液及其添加剂的主要成分以便于业主方对其进行评价和检验。宜在采购前对完井液的制造商进行审查，以确认其生产能力和保证产品质量的能力。

（2）业主方依据完井液及其添加剂的质量检测标准或管理办法，在到货质量检验以外，定期或不定期进行质量抽查。

（3）在作业过程中应对完井液的配制过程进行监控，确保其性能指标符合设计要求。

4.7.2.4　管柱及井下工具的监控

实时监测 A 环空压力或连续监测 A 环空液面，判断管柱及井下工具的完整性。

4.7.2.5　井下安全阀的监控

完井过程中的井下安全阀监控如下：

（1）要对连接后的控制管线进行试压，试压压力为安全阀额定工作压力 +28MPa，对阀和控制管线进行功能测试。

（2）在绳缆或连续油管作业前后都应进行功能测试。

（3）在进行酸化或压裂排液后应进行功能测试。

（4）当暴露于高速流体或冲蚀性流体中时，应考虑增加功能测试频率。

（5）井下安全阀在安装完成后投入生产之前试生产时，采用地层流体按照流动方向进行高低压测试和功能测试，井下安全阀的功能测试可以和紧急关断系统的测试一起进行。

（6）如果井下安全阀不能关闭或者超过允许泄漏值，应对井屏障的完整性状况进行风险评估，确定是否进行维护或维修。应建立生产期间的井下安全阀巡检、维护保养和测试制度。

4.7.3　各施工节点的完整性评价

各施工节点的完整性评价要求参见 3.10，完井作业过程中的完整性要求参见附录 J。高压气井完井投产各施工节点的井完整性评价清单见附录 K。

5 暂闭／弃置井完整性设计

暂闭／弃置作业包括暂闭（如作业暂停或生产暂停）和永久弃置（包含对井内某一层段永久性弃置）。相对于常规井，高温高压及高含硫井暂闭／弃置作业面临以下难题：（1）井深导致钻井周期长，技术套管和悬挂段油层套管可能存在磨损；（2）钻遇浅层气、地下水层位多，资源保护要求高；（3）高压油气层向较浅或低压层窜流，造成油气藏破坏和地下资源污染；（4）地层温度、地层压力高，井屏障需要长期承受高温高压环境的影响；（5）高含硫化氢和二氧化碳，腐蚀环境给井屏障部件完整性带来严峻挑战。为削减上述难题带来的井完整性风险，通过作业前井屏障评价和井完整性设计，对各井屏障进行科学的设计、严格的验证测试和有效的监控，保证各井屏障在整个弃置作业期间和弃置后的安全、可靠。

5.1 暂闭／弃置井作业前井屏障评价

5.1.1 地层完整性评价

通过对暂闭／弃置作业井的地层分析，确定需要封堵的层位和井段，并分析评价作业井目前的地层完整性和暂闭／弃置作业存在的潜在地层风险。

需要分析和评价的内容：

（1）已测试层段和试采或生产层段等地层。

（2）已作业层段的上覆复杂岩性地层（高压盐水层、膏泥岩、盐岩等）。

（3）地层漏失情况。

（4）地表／淡水层、盐水层。

（5）浅气层以及与之邻近的断层及渗透性地层和盖层。

（6）含有毒有害气体的地层。

（7）其他分析与评价内容参见3.3.1。

5.1.2 套管完整性评价

作业前应对油层套管和尾管的磨损、腐蚀情况进行分析评价，具备试压条件时应通过井筒试压确认其密封性能。重点是封隔油气层、上覆复杂岩性地层、浅气层、淡水层段套管的磨损、腐蚀情况。

磨损、腐蚀情况可采用 IBC（声波套后成像测井）、多臂井径仪等工程测井方法确定。

其他要求参见 3.3.2。

5.1.3　固井水泥环完整性评价

分析暂闭 / 弃置作业前油层套管、尾管的水泥环电测固井质量解释资料，评价固井水泥环能否有效封闭所在地层，尤其是对已测试层、试采层、生产层、上覆复杂岩性地层和浅气层的封闭情况。考虑到测试、改造、试采、生产等过程井内温度压力变化可能会损伤管外水泥环，暂闭 / 弃置作业前根据需要确定是否重新电测固井质量。

5.1.4　井口装置完整性评价

暂堵（弃置）作业前应对井口装置进行全面评价，尤其是关停较长时间的老井，应查清井口装置的型号、检查井口油套压力等。井口装置完整性分析与评价应包括套管头和采油树等。

5.1.4.1　套管头及套管挂

（1）确定套管头的尺寸、压力等级、材质等基本性能参数。

（2）确定套管头上法兰尺寸、压力等级及密封方式。

（3）检查套管头是否完好，确定各个闸阀功能是否完整。检查套管头的腐蚀、磨损及密封情况，如果连接部位或本体有渗漏应整改并试压合格。

（4）各层套管头间是否装有压力表，各个环空是否带压。

（5）查清套管头和套管挂历次试压情况（包括试压值、稳压时间和试压结论）等。

（6）判断套管头和套管挂的现状是否符合 SY/T 5964《钻井井控装置组合配套安装调试与维护》的要求，以评价套管头及套管挂的完整性。

5.1.4.2　采油树

（1）确定采油树的压力、温度等级、材质等基本性能参数。

（2）观察采油树是否完好，确定部件是否齐全，各个阀功能是否完整，以及腐蚀、磨损情况。检查各阀的密封情况，如连接部位或本体有渗漏应整改并试压合格。

（3）采油树上是否带压力表及压力值。

（4）查清采油树历次试压情况（包括试压值、稳压时间和试压结论）。

（5）判断其是否符合 GB/T 22513《石油天然气工业　钻井和采油设备　井口装置和采油树》的相关规定，以评价当前采油树的完整性。

5.1.4.3　环空压力

环空带压是暂闭／弃置作业面临的重大隐患，暂闭井应予以消除或监控，弃置井应予以消除，并采取措施确保暂闭／弃置作业过程安全可控。

（1）检查各环空是否带压，以及带压值。

（2）查阅钻井、试油、试采和生产资料，分析环空带压原因，为设计和作业提供依据。

5.1.5　井完整性结论

通过暂堵／弃置作业前的井完整性分析与评价，明确暂堵／弃置作业的难度和安全风险，为制定科学合理的暂堵／弃置作业方案提供依据。

（1）根据各个井屏障部件的分析评价结果，结合地质资料、试油试采资料和生产资料，对作业前井完整性给出明确结论。

（2）如对作业前井屏障部件的有效性不能确定的，在确保安全且条件许可时，应对不能确定有效性的井屏障部件重新按标准进行测试，并获得准确的测试结果。

（3）应对钻井、固井、试油、试采和生产过程中出现的井下复杂、事故对于井屏障的负面影响进行分析和评价。

（4）分析和明确暂闭／弃置作业过程及暂闭／弃置后可能存在的潜在危害，并制定相应的削减措施。

5.2 暂闭／弃置井完整性设计

5.2.1 设计依据

高温高压及高含硫井暂闭／弃置井完整性设计主要依据油勘函［2015］91号《高温高压及高含硫井完整性指南》和SY/T 6646《废弃井及长停井处置指南》。在设计阶段还应参考以下标准、文件：

SY/T 5587.4《常规修井作业规程　第4部分：找串漏、封串堵漏》

SY/T 5587.14《常规修井作业规程　第14部分：注塞、钻塞》

NORSOK D–010《钻井和作业过程中的井完整性（第四版）》

OIL & GAS UK–1《暂停井和弃置井封堵材料要求》

OIL & GAS UK–2《暂停井和弃置井指南》

5.2.2 设计的原则

5.2.2.1 暂闭井完整性设计原则

（1）暂闭井应建立至少两个封闭目的层（产层或渗透层）的屏障，若井筒内压井液可以定期监控并维持时，则压井液也可以作为一道临时井屏障。

（2）优先采用连续厚度大于150m的水泥塞作为屏障部件，桥塞上部加注一定厚度（不低于50m）的水泥塞可作为一个屏障。

①若目的层在裸眼段内，则在目的层以上注一个水泥塞，再在套管内注一个水泥塞或采用桥塞＋水泥塞封闭；

②若目的层在套管内，则在目的层顶界以上注一个水泥塞，再在上部注另一个水泥塞（回接筒位置）封闭；

③若目的层在尾管内，则在目的层顶界以上注一个水泥塞，再在尾管喇叭口上部注水泥塞或者桥塞＋水泥塞封闭。

（3）暂闭期间井口应装好带有压力表的采油树，以监控井内是否起压；井内应留有一定长度的作业管柱，以便井内屏障失效时及时进行处理。

5.2.2.2 弃置井完整性设计原则

（1）弃置井作业前应确定已知流动层和潜在流动层，在流动层上部应建立至少两道永久的井屏障。

第一井屏障应设置在已知流动层或潜在流动层上部。如果第一井屏障部件（如水泥塞）设置位置明显高于潜在流动层，则该位置地层破裂压力应大于井内该处可能出现的最高压力。

（2）第二井屏障是第一井屏障的备用，第二井屏障部件（如水泥塞）处的地层破裂压力应大于井内该处可能出现的最高压力。第二井屏障经验证合格，可以作为另外一个流动层的第一井屏障。

（3）在淡水层和浅油气储层均要求建立封隔井屏障，并在井口附近注一至少 50m 厚的悬空水泥塞封隔地面水进入井内，要求塞面距地面 2 ~ 6m。

（4）若套管头和采油树等井口设备被移除，则应在井口设置第三个井屏障。

（5）若存在套管薄弱段（含尾管喇叭口、回接筒及腐蚀或破损套管等）则须建立井屏障以封隔薄弱段套管可能存在的渗流源。

（6）套管内连续厚度 150m 以上的水泥塞或桥塞加 50m 厚水泥塞和套管外至少 25m 连续良好封固性能的水泥环可作为一个有效屏障。

（7）对环空带压井，在弃置过程中需采取措施建立屏障，阻止流体上窜至地面，消除环空带压。

（8）特殊情况：

①井内存在多个已打开的不同类型储层（不同流体性质、不同压力系统），不同类型储层之间应采用水泥塞或者桥塞予以隔离，确保层间不互窜。

②若电测结果显示目的层及其上部的套管固井质量不合格（无连续 25m 优良的水泥环）或无水泥固结时，则考虑通过套管穿孔重新固井或是磨铣套管后，再打水泥塞形成井屏障。

③在大斜度井 / 水平井中，注水泥塞时应考虑最终水泥隔层的垂直厚度。

④储层上部井筒泄漏（分级箍窜漏、上部套管发生破损 / 腐蚀等），需要根据实际井况进行井筒修复（套管穿孔后重新固井、注水泥封隔泄漏点、套铣或割除套管后封固等）。

5.2.2.3 井屏障质量要求

（1）井屏障一般由水泥塞和支撑材料组成，支撑材料可以为桥塞、水泥承留器、高黏液体、高密度钻井液等。

（2）长期的完整性。

（3）非渗透性。

（4）无收缩性。

（5）机械性能良好，可承受一定载荷及压力和温度的变化。

（6）能耐受所接触的化学物质（H_2S，CO_2、烃类、盐水、水和油）。

（7）能与管材和地层胶结牢固，确保密封性。

（8）不会损坏所接触管材的完整性。

5.2.2.4 封隔材料的要求

（1）极低的渗透率——以阻止流体流过封隔层。

（2）长期的完整性——材料要具有持久密封的特点，不会随时间变质。

（3）不与井下流体或气体发生反应（例如 CO_2、H_2S、H_2）。

（4）机械性能良好，可适应载荷、压力及温度的剧烈变化，还应包括该井的整个生产过程中的各种变化（如生产井由注水到注蒸汽转换时引起的地层疏松等变化因素）。

（5）材料能够和套管、地层紧密结合，有效阻止流体在封隔层和油套环空之间流动。

（6）在打水泥塞的过程中推荐使用支撑物（如桥塞或高黏液体）来阻止水泥浆的流失。

水泥是目前常用的封堵材料之一，也可以用其他的材料。选择的封堵材料在原则上应符合上面所提到的要求且能保持长期的完整性。

5.3　典型弃置井完整性设计要求

5.3.1　设计基础资料

5.3.1.1　井基本情况

每口井井况不同，为了制定弃置方案具有针对性，作业前需要了解井的信息内容如下：

（1）井身结构（原始结构和目前的结构），包括套管柱、套管水泥环返高、井斜数据、侧钻井眼的深度和尺寸。

（2）每个井眼的地层层序、岩性，要说明储层以及与目前和将来生产潜力层相关的信息，并说明储层流体性质和压力（原始压力、目前压力和后期压力变化）。

（3）固井作业中获得的测井曲线、数据和评价。

（4）带有适当井屏障部件特征（如强度、非渗透性、没有裂缝或断层存在）的地层。

（5）具体的井筒内情况，如管柱结构、油套管磨损、油套管窜漏、流体类型、井内填充物及是否含 H_2S、CO_2 等酸性腐蚀流体。

（6）钻井过程中钻录井显示情况尤其是漏失和气侵情况；储层的试油试采情况、生产情况及邻井情况；沿井筒不同渗透层压力温度分布和邻井变化影响。

（7）井口装置完整情况及环空带压情况；

（8）构造的水文地质、周围环境情况。

5.3.1.2　作业层位

暂闭作业前必须确认流入源，以确定作业井需要封堵的层位和井段。

弃置井作业前必须确认所有的流入源和潜在的流入源，以确定作业井需要进行封堵的层位和井段。

5.3.2　目的层采用裸眼完成方式时的弃井工艺

5.3.2.1　裸眼井段的封堵

对于裸眼完井井段（即未下套管且与上部套管相连的井段），如在裸眼井段不存在储层、注水层或处理层时，用下列方法之一进行封隔处置。

（1）注塞法。

如图 5-1 所示，水泥塞在套管鞋上下的长度至少各为 100m（距套管鞋有效厚度不少于 80m）。根据油藏性质和裸眼井段长度，也可以在整个裸眼井段内注一个水泥塞。

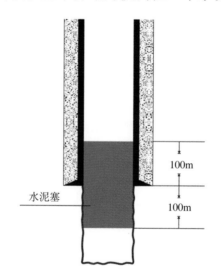

图 5-1　水泥塞封堵裸眼井结构示意图

（2）桥塞封闭。

如图 5-2 所示，在套管鞋以上 10 ～ 20m 用桥塞进行封闭。桥塞坐封成功及试压合格后在桥塞上注水泥塞进行封堵，注塞厚度不少于 50m。

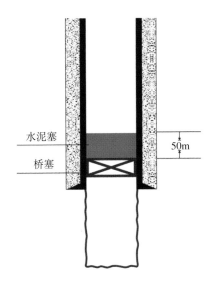

图 5-2　桥塞封堵裸眼井结构示意图

5.3.2.2　裸眼井段多层的封堵

如图 5-3 所示，在裸眼井段里对已开采的或未开采的可采储层、注水层或电测解释的疑似油气水层等要用水泥塞隔离，标准为封堵层上有连续厚度 150m 以上的水泥塞，套管鞋附近的封堵方法参见 5.3.2.1。

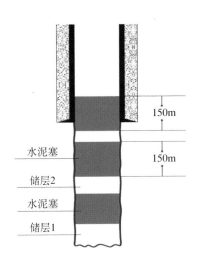

图 5-3　裸眼井段内封堵示意图

5.3.3 目的层采用射孔完井方式时的弃井工艺

为了防止地层流体进入井筒并通过套管运移，对已射孔的生产层或注水层（或层段）进行封隔或封堵。施工时应考虑井眼大小、地层特征和储层压力等。

5.3.3.1 注水泥塞法

如图 5-4 所示，对射孔井段，应从射孔井段以下 50m（或人工井底）到射孔井段以上 150m，根据储层条件，确定是否在水泥塞下方使用桥塞。

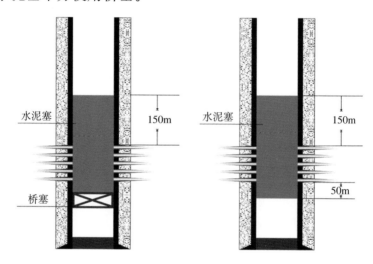

图 5-4　注水泥塞封堵射孔井段示意图

5.3.3.2 挤水泥法

如图 5-5 所示，采用在炮眼以上至少 50m 处下入水泥承留器或可取式封隔器等挤注方法，向炮眼里挤水泥来封堵射孔井段，水泥塞面在射孔顶界以上至少 150m。

5.3.3.3 桥塞法

如图 5-6 所示，在炮眼以上 10 ~ 20m 处下一个桥塞（或封隔器等其他封隔套管的工具），并在桥塞上留 50m 的水泥塞。

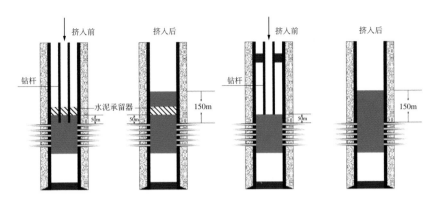

图 5-5　挤水泥封堵射孔井段示意图

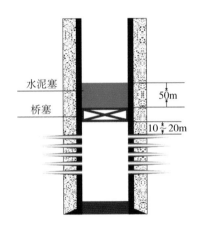

图 5-6　桥塞法封堵示意图

5.3.4　目的层以上井筒的封堵

5.3.4.1　套管外有水泥井段的封堵

应弄清楚套管外的关键性层段（如淡水层、盐水层、已开采层、未开采层、注入层等），然后在套管中跨过已挤过水泥的关键性层段，打水泥塞进行封堵，要求水泥塞起止位置至少为关键性层段上 150m 下 50m。

5.3.4.2　套管外无水泥井段的封堵

（1）一次挤水泥法。

在没有水泥固结的长井段，在关键层段射孔，向炮眼里挤水泥，施工时保证所需的足够水泥浆量和足够高的泵压，以能在套管内形成至少50m厚的水泥塞，同时满足套管外的漏失量和邻近地层表面的渗漏为宜。

（2）循环水泥法。

当井眼条件允许循环水泥法封堵时，在水泥返高顶部附近，没有水泥固结的套管处进行射孔，通过套管和井眼环空循环水泥进行封堵。

（3）分层挤水泥法。

在关键层段的上、下方分别射孔、挤水泥进行封堵。施工时保证所需的足够的水泥量和足够高的泵压。水泥浆的体积应保证在分层挤水泥作业后在套管内至少留50m的水泥塞。

5.3.4.3 封堵套管鞋

（1）套管外有水泥固结。

当生产套管外被水泥固结到表层套管鞋以上至少有30m时，在生产套管内，表层套管鞋以下50m到管鞋以上50m处打水泥塞。

（2）套管外无水泥固结。

当生产套管外没有水泥固结到表层套管鞋以上至少30m时，则管鞋的封堵可采用射孔挤水泥的方法封堵，挤水泥后在生产套管内留一个至少距管鞋以上50m厚的水泥塞。

5.3.4.4 封堵分级箍、喇叭口

在分级箍或喇叭口以下50m到分级箍或喇叭口以上50m处打水泥塞。

5.4 暂闭 / 弃置井井屏障测试

5.4.1 暂闭 / 弃置井井屏障识别

针对暂闭 / 弃置井绘制井屏障示意图，明确各井屏障部件状况，图5-7所示为某典型高压气井暂闭过程中的井屏障示意图。

图5-8为某典型高压气井弃置过程中的井屏障示意图。

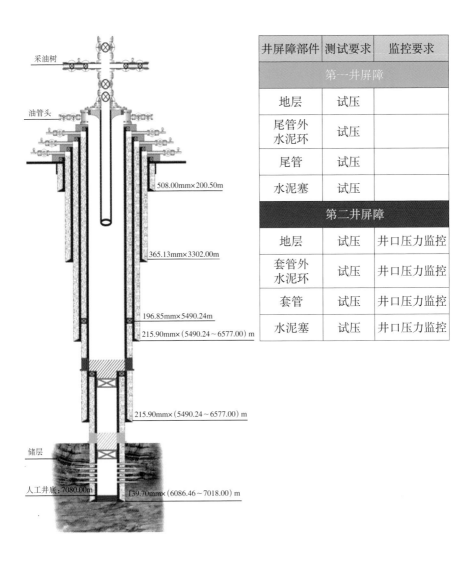

井屏障部件	测试要求	监控要求
第一井屏障		
地层	试压	
尾管外水泥环	试压	
尾管	试压	
水泥塞	试压	
第二井屏障		
地层	试压	井口压力监控
套管外水泥环	试压	井口压力监控
套管	试压	井口压力监控
水泥塞	试压	井口压力监控

采油树

油管头

508.00mm×200.50m

365.13mm×3302.00m

196.85mm×5490.24m
215.90mm×（5490.24～6577.00）m

215.90mm×（5490.24～6577.00）m

储层

人工井底：7080.00m
139.70mm×（6086.46～7018.00）m

图 5-7　暂闭井有尾管井屏障示意图

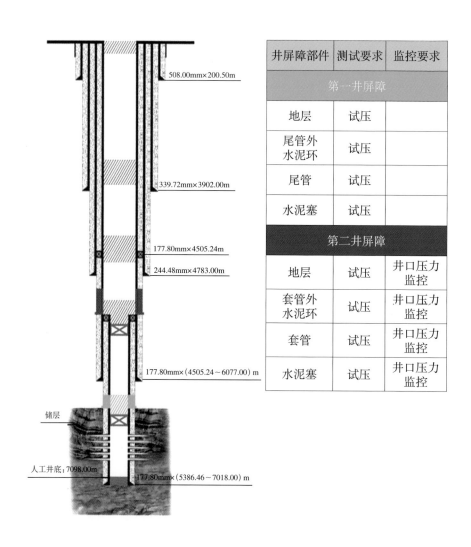

井屏障部件	测试要求	监控要求
第一井屏障		
地层	试压	
尾管外水泥环	试压	
尾管	试压	
水泥塞	试压	
第二井屏障		
地层	试压	井口压力监控
套管外水泥环	试压	井口压力监控
套管	试压	井口压力监控
水泥塞	试压	井口压力监控

图中标注：
508.00mm×200.50m
339.72mm×3902.00m
177.80mm×4505.24m
244.48mm×4783.00m
177.80mm×(4505.24~6077.00)m
储层
人工井底：7098.00m
177.80mm×(5386.46~7018.00)m

图 5-8　永久弃置井有尾管井屏障示意图

5.4.2 暂闭井井屏障部件的测试

5.4.2.1 外部井屏障元件

暂闭井外部井屏障元件主要是固井水泥环，对固井水泥环应进行如下测试：

（1）进行套管水泥胶结测井作业，了解水泥与套管外壁胶结质量、水泥与地层胶结质量。

（2）如果观察到了持续的环空套管压力，安装压力表并按环空压力管理标准进行控制。

5.4.2.2 内部井屏障元件

（1）水泥塞。

加钻压实探塞面是确认水泥塞深度以及水泥浆凝固质量的常用方法，井筒试压是确认水泥塞封堵效果的主要方法。只要井眼条件允许，能够安全作业，就应进行探水泥塞和试压。当水泥塞是在另外一个已经验证合格的支撑上时，对水泥塞可以不进行压力测试，只需探塞面验证即可。

①探水泥塞面。

下放油管、钻杆等工作管柱与水泥塞面接触，继续下放至指重表发生变化，此时井内油管、钻杆等工作管柱的深度就是水泥塞面的深度。

②加压重验证水泥塞固结情况。

水泥塞候凝结束，使用油管、钻杆等工作管柱探塞面后加30 ~ 200kN 管柱重量以检验水泥塞固结质量，塞面深度无变化则表示水泥固结良好，反之则固结质量差。

③井筒试压。

井筒试压是检验水泥塞质量的主要方法，有负压和正加压两种方式。

负压检验：水泥塞候凝结束，采用降压井液密度或降低液柱高度的方式使水泥塞上部压力低于水泥塞下部压力，观察井口是否起压或液面变化，若平稳无异常，则说明水泥塞合格。

但是采用负压检验方法必须在水泥塞凝固后进行，以防止水泥塞下部气窜；而且如果液面不在井口，需要较长的观察时间。

正加压检验：水泥塞凝固后，若套管强度允许则采用正加压试压方式检验水泥塞质量，试压值不应超过套管试压值和套管剩余抗内压强度，压力平稳井内无异常，则说明水泥塞合格。

（2）桥塞。

探塞面：机械桥塞可利用下入管柱探塞面，井内管柱深度为桥塞的坐封深度；电缆桥塞用电缆下入，其深度以测井定位深度为准；电缆桥塞坐封后，用电缆装置探桥塞以验证其深度。

加钻压探塞：下入管柱加 30 ~ 200kN 管柱重量可检验桥塞封固质量。

压差法试压应试压 10 ~ 20MPa 合格。

5.4.3　弃置井井屏障部件的测试

5.4.3.1　外部井屏障元件

（1）永久性弃置井应进行套管水泥胶结测井作业，因相同的套管水泥环是一级和二级井屏障装置的组成部分。

（2）如果观察到了持续的套管压力，那么应重新建立屏障提高套管水泥环的密封性能。

（3）地层完整性测试为了证实地层是一个合格的井屏障元件，必须确定地层具有足够的完整性并进行记录。测试要求见表 5-1。

表 5-1　地层完整性测试的方法

方法	目的	备注
地破试验	为了确认地层/套管水泥环能够承受预先确定的压力值	向地层施加一个预先确定的压力，观察地层是否稳定
漏失测试	为了确定井壁/套管水泥环能够实际承受的压力值	一旦发现偏离了线性压力与流量曲线，应立即停止测试

5.4.3.2　内部井屏障元件

弃置井内部井屏障元件的检验测试参见 5.4.2.2。

5.5 暂闭/弃置井完整性控制和监控

5.5.1 外部井屏障部件完整性控制

（1）应当核实外部井屏障部件（如套管水泥环），以保证垂向和横向的密封。对外部井屏障部件的要求连续厚度为50m，该井段底部的地层要求完好。

（2）如果通过测井证实了套管水泥环的完好性，那么将需要最少25m连续胶结良好的井段，才能作为永久外部井屏障部件。

（3）封堵井段应具有地层完好性，其应符合表5−2的要求。

表5−2 地层完整性要求

井型	最低地层完整性
永久弃置井	应通过地破试验或者漏失测试测得地层完整性。得到的地层强度必须满足弃置设计要求
	永久弃置之前，必须在现有的漏失压力和闭合压力进行重新评估

5.5.2 内部井屏障部件完整性控制

（1）水泥塞应当置于整个储层之上（定义为井屏障），此处应具备一个已核实的外部井屏障部件，如果要置于桥塞/水泥塞之上，则水泥塞长度至少为150m。作业前应做在预期温度、压力条件下的水泥石强度试验。

（2）桥塞应能够经受预计使用时间内的最大压差、最高温度、最低温度、井内流体和所有预期载荷；桥塞的使用寿命须考虑井下流体性质和工况（如温度、H_2S、CO_2 等）；桥塞不能单独作为一个永久性井屏障部件；桥塞应优先坐封在固井质量良好，能承受桥塞所施加负荷的套管段内。

5.5.3 暂闭/弃置井完整性监控

5.5.3.1 暂闭井的屏障监控要求

对于暂闭井要求井内留有一定深度的管柱，采油气井口装置组合完好便于监控和应急处理以及使井筒流体与地表有效隔离。暂闭井应对井的第一井屏障和第二井屏障进行定期的跟踪监控，推荐井的暂闭时间不超过 3 年。

定期跟踪记录井口油压和各个环空压力情况，若遇到井口起压时应加密观察记录，必要时进行测试，为后期作业方案提供资料。

5.5.3.2　弃置井的屏障监控要求

定期（1 ~ 3 个月）观察井口有无流体外溢，如发现井口有溢流应及时处理，消除隐患。

附录 A　防气窜评价方法

（资料性附录）

A.1　气窜潜力系数法（GFP）

应用水泥浆过渡时间概念，采用水泥浆胶凝强度 $\tau_c = 240\text{Pa}$ 时浆柱压力的最大降低值 $\Delta p_{\max}$ 与井内浆柱的平衡压力 p_{OBP} 之比来描述气窜的危险性。

$$\text{GFP} = \frac{\Delta p_{\max}}{p_{\text{OBP}}} \tag{A-1}$$

$$\Delta p_{\max} = \frac{4 \times 10^{-3} L_c \tau_c}{(D_h - d_p)} \quad （由胶凝强度引起的压力降） \tag{A-2}$$

$$p_{\text{OBP}} = 0.01(\rho_c L_c + \rho_s L_s + \rho_m L_m - G_f L) \quad （过平衡压力） \tag{A-3}$$

式中　GFP——气窜潜力系数；

$\Delta p_{\max}$——由胶凝强度发展引起的压力降，MPa；

p_{OBP}——环空浆柱初始过平衡压力，MPa；

τ_c——胶凝强度，Pa；

ρ_m——钻井液密度，g/cm^3；

L_m——环空钻井液长度，m；

ρ_s——隔离液密度，g/cm^3；

L_s——环空隔离液长度，m；

ρ_c——水泥浆密度，g/cm^3；

L_c——环空水泥浆长度，m；

G_f——地层压力梯度，g/cm^3；

L——井深，m；

$D_h - d_p$——环空间隙，m。

此方法也可采用计算胶凝强度发展过程中不同时刻对应的浆柱有效压力，来计算不同时刻的 GFP 值，可相对评价水泥浆在凝结过程中的防窜能力。

上述公式也可写成式（A-4）：

$$GFP = \frac{p_0 - p_{CEM}}{p_0 - p_P} \tag{A-4}$$

式中　$p_0 = \rho_c L_c + \rho_s L_s + \rho_m L_m$（静液柱压力）

　　　p_p——地层流体压力，MPa

　　　p_{CEM}——浆柱有效压力（指因水泥浆失重后的环空浆柱
　　　　　　压力，利用不同时刻所测得的静胶凝强度，可
　　　　　　计算不同时刻的 GFP 值），MPa。

GFP 越大越不利于防气窜，气窜潜力系数 GFP 与水泥浆
体系防窜能力对应关系，如表 A-1 所示。

表 A-1　气窜潜力指数分级表

GFP	1	2	3	4	5	6	7	8	9	10	> 10
窜流可能性		小				中等				大	

该方法主要考虑了环空间隙和水泥封固段长对气窜的影
响，环空间隙越小、水泥封固段越长，GFP 值越大，因此，为
了提高防气窜能力，应合理设计环空间隙和水泥封固段长。

A.2　胶凝失水系数法（GELFL）

由于水泥浆胶凝强度发展、失水和体积收缩是引起水泥浆
孔隙压力降（失重）的主要因素，胶凝失水预测法主要考虑：

（1）重点考虑静胶凝强度发展对失重的影响。

（2）只考虑水泥浆在由液态向固态转化过程中失水造成体
积收缩对失重的影响，因为水泥浆在液态时失水可以得到有效
补充，而当水泥浆固化后，水泥浆已不再失水。

（3）由于水泥浆化学体积收缩主要发生在水泥浆初凝之后，
而水泥浆化学体积收缩可以通过添加水泥浆膨胀剂克服，因此，
本方法忽略了水泥浆化学体积收缩对失重的影响。

胶凝失水预测系数计算方法：

$$GELFL = \dfrac{\dfrac{(\rho_c L_c + \rho_s L_s + \rho_m L_m)}{100} - p_{gel} - p_{fl}}{\dfrac{\rho_g L_g}{100}} \qquad (A-5)$$

$$p_{gel} = \dfrac{4 \times 10^{-3} L_c \tau_c}{D_h - d_p} \qquad (A-6)$$

$$p_{fl} = \dfrac{\Delta V_{fl}}{C_f} \qquad (A-7)$$

$$\Delta V_{fl} = A_j \int_{t_1}^{t_2} q_t \mathrm{d}t \qquad (A-8)$$

式中　GELFL——水泥浆胶凝失水系数；

L_c——环空水泥浆浆柱长度，m；

L_s——环空隔离液长度，m；

L_m——环空钻井液长度，m；

L_g——环空气层深度，m；

ρ_m——钻井液密度，g/cm³；

ρ_s——隔离液密度，g/cm³；

ρ_c——水泥浆密度，g/cm³；

ρ_g——气层当量密度，g/cm³；

p_{gel}——水泥浆因静胶凝强度发展引起的失重，MPa；

p_{gel}——水泥浆因失水引起的失重，MPa；

ΔV_{fl}——水泥浆静胶凝强度从 48Pa 到 240Pa 时由于失水造成的水泥浆体积收缩量，m³；

C_f——水泥浆体积压缩系数，$C_f = 2.6 \times 10^2$ m³/MPa；

t_1——水泥浆静胶凝强度达 48Pa 的时间，min；

t_2——水泥浆静胶凝强度达 240Pa 的时间，min；

A_j——水泥浆段裸眼面积，cm²；

q_t——水泥浆在过度阶段单位面积上的失水速率，mL/（cm² · min）。

评价标准：GELFL 值小于 1，极易发生气窜，且 GELFL 值越小，发生气窜的可能性越大；GELFL 值大于 1，气窜危险程度较小，且 GELFL 值越大，发生气窜的可能性越小。

GELFL 是一个压稳系数，是水泥浆进入环空间隙后初始液柱压力与由于水泥浆静胶凝强度发展和失水引起的体积收缩造成的水泥液柱压力损失的差与地层压力之比。该方法综合考虑到水泥浆、钻井液密度、水泥浆封固长度、气层压力、静胶凝强度增长和水泥浆过渡状态失水引起的压力损失等对气窜的影响，所包含的现场实际因素较全面。

A.3 水泥浆性能系数法（SPN）

水泥浆防气窜能力与水泥浆滤失量、稠化过渡时间有关，也可采用水泥浆性能系数法（SPN）来评价水泥浆体系防气窜能力。SPN 计算方法为

$$SPN = \frac{API_{滤失量} \times \left(\sqrt{T_{100}} - \sqrt{T_{30}} \right)}{\sqrt{30}} \quad (A-9)$$

式中 $API_{滤失量}$——mL（30min，6.9MPa）；

T_{100}——稠化试验稠度到 100Bc 的时间 min；

T_{30}——稠化试验稠度到 30Bc 的时间 min。

一般评价标准：SPN 值为 0 ~ 3 时，防气窜能力好；SPN 值为 3 ~ 6 时，防气窜能力中等；SPN 值大于 6 时，防气窜性能差。

该方法主要考虑了水泥浆体系 API 滤失量和稠化过渡时间对气窜的影响，API 滤失量越小、稠化过渡时间越短越有利于防气窜。

附录 B 负压验窜方法

（资料性附录）

B.1 负压验窜适用范围

（1）尾管完井且封隔器预计坐封在尾管喇叭口以下的高压油气井，作业前应用负压验窜的方法验证尾管喇叭口的密封性。

（2）以桥塞或水泥塞作为人工井底，且下方有被封闭的产层的井，在进行上试或暂闭／弃置之前，宜对人工井底进行负压验窜。

（3）由于固井质量不好或测试显示套管外测试层与测试层之间相互窜通的，在补挤水泥前应进行负压验窜作业。

B.2 负压验窜原则

（1）负压验窜压力应不低于验窜位置预计可能产生的最大压差。

（2）负压验窜过程中，在替入低密度液体形成负压差之前，应检验封隔器、测试井口等主要屏障是否有效。

（3）首先测试较深处的屏障，然后再测试浅层的屏障。这样，可以减小由于深层屏障失效造成的潜在涌入影响。

（4）应尽量下入可被可全封剪切闸板剪切的管柱。

（5）提前制定相应的应急预案及措施以应对屏障无法通过负压验窜并且随后发生井控事件的情况。一旦发生屏障无法通过负压验窜的情况，则应首先执行相应的预案及措施；同时，准备具有原密度且数量充足的钻井液，以便迅速地恢复原始的流体屏障。

B.3 示例：喇叭口负压验窜测试作法

（1）负压验窜准备。

测试队准备好测试工具、压力计、井口控制头、钻台管汇等，并按照一、二级清单要求检查。

井队准备好与控制头、井下工具的连接变扣接头，测试所用的钻具应在探伤合格期内。

测试队按照负压验窜设计要求配置测试管柱及编制施工应急预案，报相关部门审批。

（2）下负压验窜管柱。

根据管柱图连接测试工具。

仔细检查变扣、钻杆螺纹及台阶面，按照不同扣型的标准扭矩上扣。

下管柱作业应符合相关标准，并且封隔器应坐封于喇叭口的上方。

（3）装井口控制头、替液、坐封。

连接井口控制头、钻台管汇、泵车管线并试压合格，按照设计要求正替设计量的低密度钻井液，以在喇叭口所在深度形成测试压差，关闭井口控制头旋塞阀。

上提管柱，调整好方余，旋转、加压坐封封隔器，并验证封隔器的密封有效。

（4）放喷测试。

开井，用针阀或油嘴控制放喷测试，观察并记录环空液面变化、油压变化及出口出液情况，综合判断封隔器和管柱是否密封以及喇叭口窜漏情况，开关井测试时间不少于 5h。

若环空稳定、油压释放慢或升高、控制头不断出液（总出液量原则上不超过 $3m^3$），则喇叭口有窜漏。

（5）起负压验窜管柱。

测试结束，打开循环阀，用原钻井液反循环压井，注意控制出口回压，检测钻井液是否受油气侵，做好替出钻井液的计量、回收工作。

对于喇叭口无窜漏的井，钻井液反循均匀后，拆控制头，解封封隔器，起出测试管柱。

对于喇叭口窜漏的井，应充分循环排除后效，按照井控细则要求测后效，满足井控安全方可起钻，起钻时防止抽汲效应。

测试工具起出后，现场回放压力计数据，分析判断喇叭口是否窜漏，并将资料上交。

附录 C 典型高压气井试油过程中的
井屏障示意图绘制示例
（资料性附录）

针对试油作业采用的试油方式，确定整个试油作业过程中的井屏障示意图绘制情况。示例为某高压气井采用先射孔再下试油管柱的试油方式，试油过程需要绘制 8 个井屏障示意图（表 C-1），各工况下的井屏障示意图如图 C-1 至图 C-8 所示。

表 C-1 试油期间的井屏障示意图总表

序号	作业过程描述	参考图例
1	试油前	图 C-1
2	负压验窜过程中	图 C-2
3	铣喇叭口／刮壁／通井／起下负压验窜管柱／钻磨／打捞／下射孔管柱作业（管柱可剪切）	图 C-3
4	铣喇叭口／刮壁／通井／起下负压验窜管柱／钻磨／打捞／下射孔管柱作业（管柱不可剪切）	图 C-4
5	起射孔管柱／起下试油管柱（管柱可剪切）	图 C-5
6	起射孔管柱／起下试油管柱（管柱不可剪切）	图 C-6
7	排液测试	图 C-7
8	关井	图 C-8

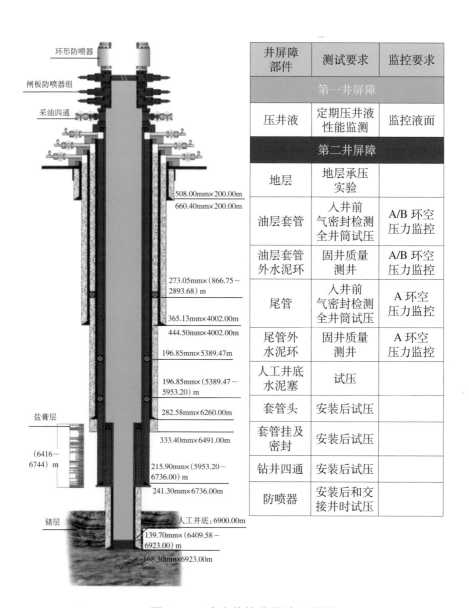

井屏障部件	测试要求	监控要求
第一井屏障		
压井液	定期压井液性能监测	监控液面
第二井屏障		
地层	地层承压实验	
油层套管	入井前气密封检测全井筒试压	A/B 环空压力监控
油层套管外水泥环	固井质量测井	A/B 环空压力监控
尾管	入井前气密封检测全井筒试压	A 环空压力监控
尾管外水泥环	固井质量测井	A 环空压力监控
人工井底水泥塞	试压	
套管头	安装后试压	
套管挂及密封	安装后试压	
钻井四通	安装后试压	
防喷器	安装后和交接井时试压	

图 C-1　试油前的井屏障示意图

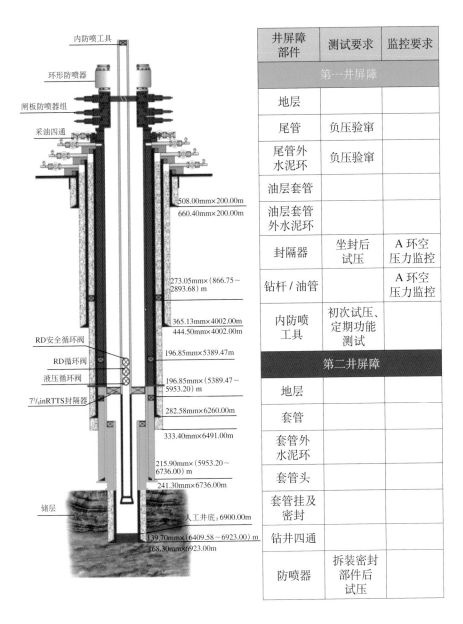

井屏障部件	测试要求	监控要求
第一井屏障		
地层		
尾管	负压验窜	
尾管外水泥环	负压验窜	
油层套管		
油层套管外水泥环		
封隔器	坐封后试压	A环空压力监控
钻杆/油管		A环空压力监控
内防喷工具	初次试压、定期功能测试	
第二井屏障		
地层		
套管		
套管外水泥环		
套管头		
套管挂及密封		
钻井四通		
防喷器	拆装密封部件后试压	

图 C-2　负压验窜过程中的井屏障示意图

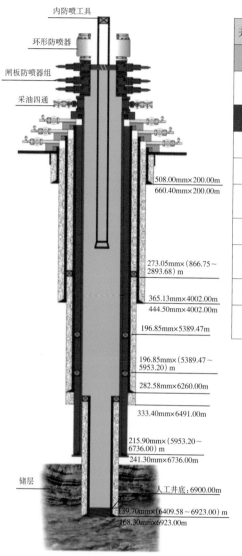

井屏障部件	测试要求	监控要求
第一井屏障		
压井液	定期压井液性能监测	监控液面
第二井屏障		
地层		
套管		
套管外水泥环		
套管头		
套管挂及密封		
钻井四通		
防喷器	拆装密封部件后试压	

图 C-3 铣喇叭口／刮壁／通井／起下负压验窜管柱／钻磨／打捞／下射孔管柱作业（可剪切）期间的井屏障示意图

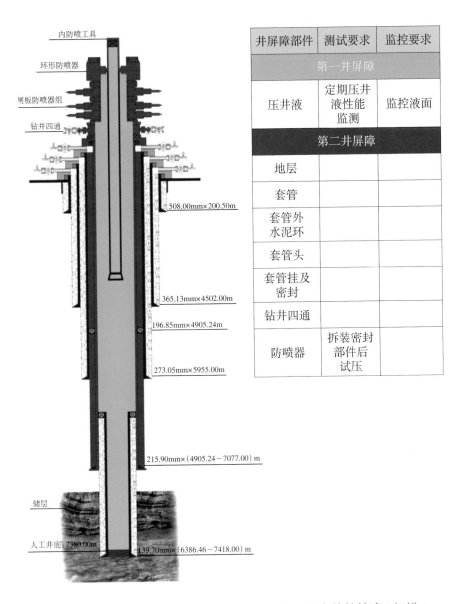

内防喷工具

环形防喷器

闸板防喷器组

钻井四通

508.00mm×200.50m

365.13mm×4502.00m

196.85mm×4905.24m

273.05mm×5955.00m

215.90mm×（4905.24～7077.00）m

储层

人工井底：7380.00m   139.70mm×（6386.46～7418.00）m

井屏障部件	测试要求	监控要求
第一井屏障		
压井液	定期压井液性能监测	监控液面
第二井屏障		
地层		
套管		
套管外水泥环		
套管头		
套管挂及密封		
钻井四通		
防喷器	拆装密封部件后试压	

图 C–4　铣喇叭口/刮壁/通井/起下负压验窜管柱钻磨/打捞/下射孔管柱作业（不可剪切）期间的井屏障示意图

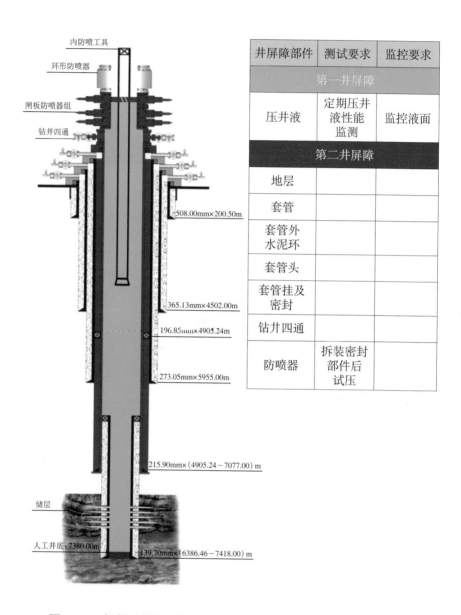

井屏障部件	测试要求	监控要求
第一井屏障		
压井液	定期压井液性能监测	监控液面
第二井屏障		
地层		
套管		
套管外水泥环		
套管头		
套管挂及密封		
钻井四通		
防喷器	拆装密封部件后试压	

图 C-5　起射孔管柱/起下试油管柱（可剪切）的井屏障示意图

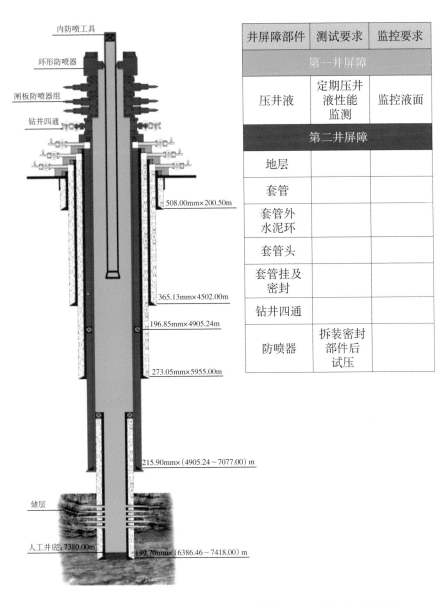

井屏障部件	测试要求	监控要求
第一井屏障		
压井液	定期压井液性能监测	监控液面
第二井屏障		
地层		
套管		
套管外水泥环		
套管头		
套管挂及密封		
钻井四通		
防喷器	拆装密封部件后试压	

图中标注：
- 内防喷工具
- 环形防喷器
- 闸板防喷器组
- 钻井四通
- 508.00mm×200.50m
- 365.13mm×4502.00m
- 196.85mm×4905.24m
- 273.05mm×5955.00m
- 215.90mm×（4905.24～7077.00）m
- 储层
- 人工井底：7380.00m
- 139.70mm×（6386.46～7418.00）m

图 C-6　起射孔管柱/起下试油管柱（不可剪切）期间的井屏障示意图

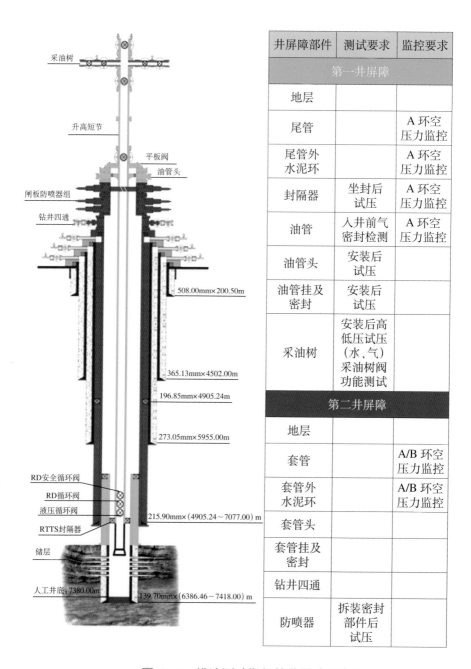

井屏障部件	测试要求	监控要求
第一井屏障		
地层		
尾管		A 环空压力监控
尾管外水泥环		A 环空压力监控
封隔器	坐封后试压	A 环空压力监控
油管	入井前气密封检测	A 环空压力监控
油管头	安装后试压	
油管挂及密封	安装后试压	
采油树	安装后高低压试压（水、气）采油树阀功能测试	
第二井屏障		
地层		
套管		A/B 环空压力监控
套管外水泥环		A/B 环空压力监控
套管头		
套管挂及密封		
钻井四通		
防喷器	拆装密封部件后试压	

图 C-7 排液测试期间的井屏障示意图

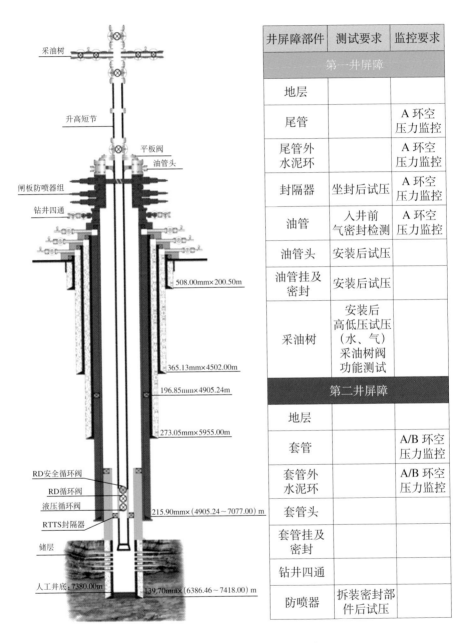

井屏障部件	测试要求	监控要求
第一井屏障		
地层		
尾管		A 环空压力监控
尾管外水泥环		A 环空压力监控
封隔器	坐封后试压	A 环空压力监控
油管	入井前气密封检测	A 环空压力监控
油管头	安装后试压	
油管挂及密封	安装后试压	
采油树	安装后高低压试压（水、气）采油树阀功能测试	
第二井屏障		
地层		
套管		A/B 环空压力监控
套管外水泥环		A/B 环空压力监控
套管头		
套管挂及密封		
钻井四通		
防喷器	拆装密封部件后试压	

图 C-8　关井期间的井屏障示意图

附录 D 试油 管柱力学校核报告

（资料性附录）

D.1 基础资料

D.1.1 施工工序概述

对作业井段及方案、工序进行描述。

D.1.2 校核依据

D.1.2.1 校核安全系数

抗内压、抗外挤、轴向抗拉、三轴应力强度安全系数的取值。

D.1.2.2 油管强度确定

计算时对油管本体与接头的强度取值。

D.1.2.3 储层改造施工相关参数

确定计算所用储层改造液体密度及摩阻、地层破裂压力和裂缝延伸压力梯度。

D.1.2.4 油层套管试压情况

D.1.3 基础数据

表 D-1 基础数据表

井深 m		地面海拔 m	地面温度 ℃		地温梯度 ℃ /100m	
人工井底 m		补心海拔 m	井口压力等级 MPa		地层压力系数	
名称	规格型号	下深 m	工具参数			
液体类型	试油工作液	完井液	酸液	酸化排量 m³/min	目的层中部深度 m	裂缝延伸压力梯度 MPa/m	预计产油 m³/d	预计产气 10⁴m³/d
密度，g/cm³								

D.2 校核情况

D.2.1 油管组合及轴向抗拉安全系数

表 D-2 油管组合及轴向抗拉安全系数表

油管规格 （钢级/外径/壁厚） mm	下深 m	段长 m	重量，kN		轴向抗拉安全系数	
			空气中	试油工作液中	空气中	试油工作液中
全井管柱						

D.2.2 各工况下管柱变形量

表 D-3 各工况下管柱变形量

工况	低挤	砂堵	正常储层改造	求产	关井
总变形量，m					
鼓胀效应导致的 变形量，m					
温度效应导致的 变形量，m					
弯曲导致的 变形量，m					

D.2.3 各工况的参数取值及其最低三轴应力强度安全系数

表 D-4 各工况的参数取值及其最低三轴应力强度安全系数表

工况	油压，MPa	套压，MPa	最低安全系数	薄弱点位置
低挤				
砂堵				
正常储层改造				
求产				
关井				

D.2.4 各工况三轴应力强度安全系数分布图

D.2.5 各段油管载荷控制图

D.2.6 封隔器计算

各工况下封隔器受力数据

各工况下封隔器受力在其信封曲线图描述情况（使用完井封隔器试油时）

D.2.7 校核结论

（1）注入工况下，不同油套压时的管柱安全系数情况。

（2）产出工况下，不同油套压时的管柱安全系数情况。

（3）各工况下封隔器载荷描述。

D.3 油套管控制参数计算（单轴）

D.3.1 油管控制参数计算

表 D–5　油管控制参数计算表

序号	外径 mm	壁厚 mm	钢级	计算深度 m	抗内压 MPa	抗外挤 MPa	清水，套压为0时，最高油压 MPa	纯气，套压为0时，井口最高油压 MPa	纯气，套压为0时，井口最低油压 MPa	清水，套压0时，最大掏空深度 m
安全控制参数										

D.3.2 油层套管控制参数计算

D.3.2.1 光油管时套管控制参数

表 D–6　光油管时套管控制参数计算表

序号	外径 mm	壁厚 mm	钢级	计算深度 m	抗内压 MPa	抗外挤 MPa	固井前管外钻井液密度 g/m³	清水时井口最高套压 MPa	纯气时井口最高套压 MPa	纯气时井口最低套压 MPa	清水时最大掏空深度 m
安全控制参数											

D.3.2.2　封隔器以上套管控制参数

表 D–7　封隔器以上套管控制参数计算表

序号	外径 mm	壁厚 mm	钢级	计算深度 m	抗内压 MPa	抗外挤 MPa	固井前管外钻井液密度 g/m³	完井液时最高套压 MPa
安全控制参数								

注：套管计算深度为封隔器下深。

D.3.2.3　封隔器以下套管控制参数

表 D–8　封隔器以下套管控制参数计算表

序号	外径 mm	壁厚 mm	钢级	计算深度 m	抗内压 MPa	抗外挤 MPa	固井前管外钻井液密度 g/m³	清水时井口最高油压 MPa	纯气时井口最高油压 MPa	纯气时井口最低油压 MPa	清水时最大掏空深度 m
安全控制参数											

D.4　综合控制参数

表 D–9　综合控制参数表

工况	A环空内流体	油管内流体	油压 MPa	推荐控制套压 MPa	井口油套压差 MPa	封隔器处油套压差 MPa	备注
储层改造							
排液求产							
关井							

附录 E　环空压力控制范围计算方法

（资料性附录）

E.1　B、C、D 环空压力控制范围计算

B、C、D 环空最大许可工作压力计算时，应考虑以下因素（图 E-1 所示），其中：①井口装置；②内层套管上部；③外层套管上部；④内层套管下部；⑤外层套管下部；⑥地层。

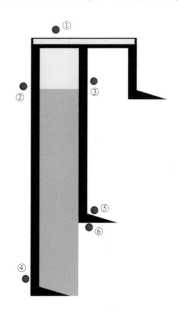

图 E-1　B、C、D 环空最大允许带压值计算示意图

B、C、D 环空最大许可工作压力为以下各项中的最小者：

整个环空内层套管最小抗外挤强度的 80%；

整个环空外层套管最小抗内压强度的 80%；

环空对应套管头额定压力值的 80% 与试压值中的较小值，套管头试压值与额定压力差别较大时，应做风险评估，确定 B、C、D 环空最大许可工作压力；

环空对应地层破裂压力：$p_{最大允许压力} = p_{地层破裂} \times 80\% - p_{环空液压}$

计算出 B、C、D 环空最大允许带压值后，将 B、C、D

环空最大允许带压值 ×80% 作为推荐工作压力值上限，将 B、C、D 环空对应套管头额定值、整个环空内层套管最小抗外挤强度、整个环空外层套管最小内压强度、环空对应地层破裂压力与环空液柱压力差等四个值的最小值作为该环空最大极限压力值。绘制 B、C、D 环空压力控制范围图时，B、C、D 环空最小预留压力值为 0.7MPa，B、C、D 环空压力推荐值下限为 1.4MPa。

E.2 A 环空最大允许带压值计算

A 环空最大许可工作压力计算时，应考虑以下因素（图 E-2 所示），其中：①油管头；②井下安全阀；③封隔器；④油管柱；⑤生产套管；⑥尾管悬挂器；⑦地层；⑧尾管。

图 E-2　A 环空最大允许带压值计算示意图

E.2.1　油管头校核

油管头额定压力值的 80% 与试压值中的较小值。

E.2.2　井下安全阀校核

保证井下安全阀对应的 A 环空最大允许带压值通常根据

井下安全阀信封曲线进行计算。

E.2.3 封隔器校核

保证封隔器安全对应的 A 环空最大允许带压值通常根据封隔器信封曲线进行计算。

E.2.4 油管校核

在开井生产及关井工况下进行油管抗外挤强度和三轴应力强度校核，分别计算出 A 环空的最大许可工作压力，从中选取最小者作为油管强度校核对应的 A 环空最大许可工作压力。

E.2.5 生产套管校核

生产套管抗内压强度根据下入后的作业情况确定剩余强度，计算 A 环空最大许可工作压力。

E.2.6 尾管悬挂器校核

通过尾管悬挂器额定工作压力计算 A 环空最大许可工作压力。

E.2.7 地层破裂压力校核

根据地层破裂压力来计算 A 环空最大许可工作压力。

E.2.8 尾管校核

尾管抗内压强度根据下入后的作业情况确定剩余强度，计算 A 环空最大许可工作压力。

E.3 A 环空最小预留工作压力计算

A 环空最小预留工作压力计算时，应考虑以下因素（如图 E-3 所示），其中：①封隔器；②井下安全阀；③油管柱；④生产套管；⑤尾管；⑥尾管悬挂器。

在开井生产及关井工况下进行油管柱抗内压强度和三轴应力强度校核，分别计算出 A 环空的最小预留工作压力，从中选取最大者作为 A 环空的最小预留工作压力。

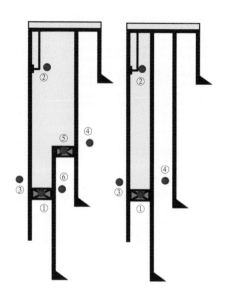

图 E-3　A 环空最小预留工作压力计算示意图

E.3.1　封隔器校核

保证封隔器安全对应的 A 环空最小预留工作压力值通常根据封隔器信封曲线进行计算。

E.3.2　井下安全阀校核

保证井下安全阀安全对应的 A 环空最小预留工作压力值通常根据井下安全阀信封曲线进行计算。

E.3.3　油管校核

通过油管抗内压强度和三轴应力强度计算 A 环空最小预留工作压力，取其最小值。

E.3.4　生产套管校核

生产套管抗内压强度根据下入后的作业情况确定剩余强度，计算 A 环空最小预留工作压力。

E.3.5　尾管和尾管悬挂器校核

通过尾管和尾管悬挂器计算 A 环空最小预留工作压力方法同生产套管。

E.4　A 环空压力控制范围计算及图版

A 环空最大许可压力应考虑组成环空的各屏障部件（油管头、井下安全阀、封隔器、油管柱、生产套管、尾管悬挂器、地层和尾管等）在不同工况下的强度校核，图 E-4 各颜色区域界线含义如下：

（1）以相关井屏障部件额定值中的最小值作为 A 环空最大极限压力值（上部橙色区域顶界）。

（2）以综合考虑相关井屏障部件安全系数后的计算值中的最小值作为 A 环空最大允许压力值（上部黄色区域顶界）。

（3）以 A 环空最大允许压力值的 80% 作为 A 环空最大推荐压力值（绿色区域顶界）。

A 环空最小预留压力主要考虑油管柱在不同工况下的强度校核，图 E-4 各颜色区域界线含义如下：

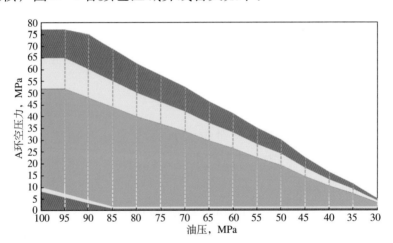

图 E-4　A 环空压力控制范围图版示例图

（1）以油管柱满足单轴及三轴安全系数条件下的 A 环空压力作为 A 环空最小允许压力值，但 A 环空最小允许压力不能低于 0.7MPa（下部黄色区域底界）。

（2）以 A 环空最小允许压力值的 1.25 倍作为 A 环空最小推荐压力值，但 A 环空最小推荐压力值不能低于 1.4MPa（绿色区域底界）。

（3）以相关井屏障部件额定值计算得到的最大值与 0MPa 中的较大值作为 A 环空最小极限压力值（下部橙色色区域底界）。

监控井处于绿色区域为正常状态，处于黄色区域为预警状态，需采取相应措施并加强监控，处于橙色区域为危险状态，应及时治理。

附录 F　试油现场作业要求

（资料性附录）

工序		相关要求
试油前准备	井筒准备	套管射孔井 （1）根据井筒评价结果确定是否回接套管和井筒试压，试压值应满足作业过程中各工况的需要，同时应考虑井筒所能承受的最高压力，稳压 30min、压降不超过 0.7MPa 为合格。 （2）检查各级套管头（四通阀门）是否清理干净、是否畅通、开关是否正常、压力表是否齐全完好（校验合格），并试压合格。 （3）悬挂尾管的高压油气井，应根据尾管的固井质量评价结果决定是否验窜；必要时，测试作业前下入测试工具在尾管悬挂器上方 20 ~ 30m 坐封开井，验证尾管悬挂器是否窜漏；验窜压差值应不小于尾管悬挂器对应深度原钻井液液柱压力与测试工作液液柱压力所产生的静液柱压差值。 （4）工具入井前应进行铣喇叭口、刮壁、通井作业；对预计封隔器坐封位置上下 50m、射孔井段反复刮削三次以上；根据封隔器规格确定通井规外径及长度；悬挂尾管的油气井，应进行铣喇叭口作业。 裸眼测试井 （5）检查井口偏磨情况和对井口试压。 （6）若支撑尾管超过 10m 又没有悬挂测试条件，应打水泥塞支撑，水泥塞满足承压要求。 （7）通井划眼至井底，要求井眼畅通。 （8）加压 200kN 试探井底，要求井底无沉砂。 （9）检查各级套管头（四通阀门）是否清理干净、是否畅通、开关是否正常、压力表是否齐全完好（校验合格），并试压合格
	液体准备	（1）按照设计要求配制试油工作液，液体性能应满足整个作业周期性能稳定、无沉降的要求。配制过程中对试油工作液做高温老化实验，实验温度不低于井底温度。 （2）按照设计要求配制隔离液，液体性能应满足相关标准要求。 （3）按照井控实施细则的要求作好加重材料的储备及试油工作液的日常维护工作
	作业主机准备	动力设备、提升系统、刹车系统、循环系统、井控系统、照明电力系统、仪器仪表、井口工具应齐全完好，性能符合要求
	井口装置准备	（1）按照设计要求准备好起下钻井控装置，并按井控实施细则要求试压合格。 （2）配备好相应尺寸闸板芯子并依据所下管柱组合情况及时更换相应的闸板芯子。 （3）根据作业管柱的尺寸准备好相应的防喷单根及变扣接头等内防喷工具。 （4）特殊作业的井控装置应按井控实施细则要求安装并试压合格。 （5）试油井口到井场后要检查维保、检验、试压合格证等文件和送料清单并验收。 （6）应根据试油设计结合现场需要，检查所送井口装置的规格型号是否符合要求，并落实采油四通与套管头及封井器之间是否需要有转换法兰

工序		相关要求
试油前准备	地面流程准备	按照设计要求组织地面流程，连接好地面流程后按井控实施细则要求试压合格。
	测试管柱准备	（1）根据地质设计、工程设计和实际井况，选择相应尺寸和类型的测试工具和管柱。 （2）入井前工具、仪器、仪表应调试、检验合格。 （3）检查钻具（油管）与接头，并通内径。 （4）准确丈量入井钻具（油管）、工具、短节和接头的长度、内径、外径。 （5）入井管柱应逐项检查验收，并测绘草图、标出有关尺寸
	射孔器材准备	（1）按射孔通知单要求准备射孔器材，到现场后应检查射孔器材是否符合设计和射孔通知单。 （2）射孔枪、接头、启爆器等承压件应进行强度测试，其额定工作压力不大于强度测试压力的80%。 （3）火工品器材在作业井井底温度下的耐温时间必须充分满足射孔作业时间（含下钻时间）要求
	安全防护准备	（1）在井场及其周围设置风向标，标明警戒区域，划分测试区和安全区，标明逃生路线。 （2）安装排风设备，使井口、钻台、机房、泵房保持通风良好。 （3）配备测试所需的防火、防毒用具、监测设备和药品等。 （4）对所有参与施工的人员进行防H_2S中毒的安全防护知识培训，掌握H_2S监测仪和正压式呼吸器等防护器具的正确使用方法。 （5）施工现场应有安全人员到现场把关
施工作业	射孔	（1）射孔施工过程中遭遇狂风、雷电等恶劣天气时应终止作业，夜间原则上不进行射孔作业。 （2）下射孔枪管柱前，零长必须丈量准确（校深短节至第一发射孔弹之间长度），避免误射孔。 （3）要对启爆器实际安装销钉数量及剪切值进行再次核对，确认无误后方可入井。 （4）下钻期间应严格控制下钻速度并保持平稳下钻，避免因压力激动造成提前射孔。 （5）在射孔器未定位到射孔目的层前，禁止大排量循环洗井、替换压井液、调整液面等。 （6）射孔校深数据应至少经两个射孔技术人员独立校核一致并经审核书面确认后方可打压点火。 （7）确认射孔成功后，起钻前应短起下测后效，循环后观察时间应符合井控实施细则的要求，确认井内平稳后起钻
	下测试管柱	（1）下管柱前准备配合接头、内防喷工具及相应变扣、接好防喷单根，防喷器应及时更换相应尺寸闸板芯子。 （2）按设计顺序下入工具，检查螺纹和通径，密封脂均匀涂抹在公扣上，按标准扭矩紧扣。入井工具必须在地面试压合格后方能入井；所有工具入井前地面拍照并测量工具尺寸、绘制工具尺寸草图。 （3）记录封隔器或伸缩管以下管柱的重量。 （4）下钻完成后记录管柱的悬重，包括上提悬重、上提静止悬重、下放悬重和下放静止悬重。 （5）作业期间严防井下落物，避免造成卡钻等井下事故。 （6）下管柱期间，加强坐岗，发现异常应立即按井控实施细则相关要求处理

工序		相关要求
施工作业	坐封	按封隔器坐封要求坐封封隔器。裸眼封隔器坐封后应观察环形空间有无漏失现象、坐封是否严密，若发现环空液面下降，则立即上提解封，判明原因。若因管柱漏失，则起出测试工具。若因其他原因，则准备重坐，多次坐封仍不成功，则起钻检查。套管封隔器应验封合格。若验封不合格，根据封隔器类型重复坐封步骤或起出管柱检查。确定封隔器坐封完好后连接井口、井口管线，并试压合格
	换装井口	钻台采油树 （1）下管柱前在闸板防喷器上安装特殊油管头，对特殊油管头的下法兰的密封装置进行注脂试压，稳压 30min 压降不大于 0.7MPa 为合格。 （2）坐油管挂，安装采油树主阀，按有关标准对盖板法兰试压合格。 （3）在采油树主阀上联结法兰升高短节至钻台面上，安装钻台采油树，接地面流程，对采油树及地面流程高压部分试压合格。 采油树 （1）核实油管挂尺寸是否与防喷器通径匹配，检查油管头的顶丝是否退入内螺纹内。 （2）油管挂连接前应检查密封组件是否完好。 （3）油管挂入座后，对称顶紧顶丝。 （4）按规定扭矩对称上紧采油树与采油四通之间的螺栓，对采油树下法兰试压至额定工作压力稳压 30min，压降小于 0.7MPa。试压后对采油树所有螺栓重复紧扣检查。 （5）采油树安装好后，接地面流程，对采油树及地面流程高压部分试压合格。 （6）易喷易漏储层换装井口前必须安装油管内防喷工具，保证在换装井口期间油管内处于可控状态
	排液	（1）及时开井排液，排液期间按设计要求控制井口油套压力，记录油、套压、排出量等数据。 （2）在气举排液时，应按照工程设计要求控制好掏空深度。 （3）排液期间，气放喷管线出口点燃并保持长明火，保证天然气喷出后能立即烧掉。排液期间应加强流体检测，如发现 H_2S 时，若管柱、井口装置、地面流程三者中有不抗硫者，立即停止排液进行整改
	开关井测试	（1）综合考虑测试工具性能、地层岩性、管柱强度和相关标准要求等确定合理的测试压差。 （2）流动测试前和测试中，天然气出口保持长明火，保证天然气喷出后能立即烧掉。测试发现 H_2S 时，如管柱、井口装置、地面流程三者中有不抗硫者，立即停止测试。 （3）注意油嘴、针阀、流量计等节流环节的保温，一旦发生冰堵，应立即关井。 （4）测试期间，应有专人观察环空液面情况，出现异常及时按安全应急预案进行处理。 （5）测试期间动力设备应确保运转正常，以应对紧急情况

工序		相关要求
施工作业	储层改造	(1) 按设计要求完成地面管线、压裂车组连接，依次对压裂设备排空，按设计要求试压合格。对井口、管汇、活动弯头等部位按要求进行固定。 (2) 按液体设计要求配制工作液并抽样分析监测液体质量。 (3) 作业前应巡查采油树各闸门、高低压管线及阀件、泄压管线、关键岗位。 (4) 按储层改造施工设计要求连续施工，控制好井口油套压力，液体转换及时准确，达到设计要求的排量和施工参数。施工过程中记录施工参数
	循环压井	(1) 解封前应采用反循环或挤压井方式，将测试阀上油套管均充满压井液。 (2) 封隔器解封后用挤压井方式将封隔器以下地层流体压回地层，压井过程中要控制合理回压。 (3) 起测试管柱前，按井控细则要求进行观察、循环，确保井内平稳
	换装井口	拆采油树、装防喷器组后应按照井控实施细则要求对井控装置试压合格
	解封	按照封隔器解封程序进行解封，停留 3 ～ 5min 待胶筒收缩后向环空灌注压井液
	起管柱	控制起钻速度，防止抽汲，按井控细则要求进行坐岗和灌液
	井下压力计回放	根据压力计数据计算地层压力，调整压井液密度
	其他要求	(1) 测试作业井场用电及照明按 SY/T 5727 中相关内容执行。 (2) 测试作业井场防火防爆和消防器材要求按 SY/T 5225 中相关内容执行。 (3) 解封后容易出现井内漏失和井涌的风险，解封前应有相应的应急预案。 (4) 含硫化氢井测试 HSE 要求按 SY/T 5087 执行。 (5) 测试期间的井控工作，按井控规定和测试施工设计的相关要求执行

附录 G　试油作业期间各施工节点的完整性评价

（资料性附录）

试油井完整性评价应涵盖试油作业所有工序，包括但不限于以下内容：试油前准备、通井刮壁、负压验窜、射孔、下试油管柱（射孔测试联作）、替液、坐封、换装井口、排液、测试、储层改造、改造后排液测试、关井测压、试采、压井、起管柱、封闭（暂闭、弃置）等。

每个作业工序都有对应的井屏障，在施工过程中井屏障会随工序的变化而变化，在工序实施前后井屏障的完整性也可能会发生改变。根据需要识别出施工节点的井屏障，利用清单式评价方法对井屏障状态进行评价。

表 G-1 至表 G-11 是尾管射孔井采用先射孔再下测试管柱试油各施工节点完整性评价清单。

表 G-1　试油前准备、通井、刮管时的井屏障部件评价表

井屏障部件	评价内容	评价方法
第一井屏障		
隔挡层	目的层上部是否有隔挡层	通过岩性资料、测井资料、地破试验等分析目的层上部是否有隔挡层
目的层及隔挡层处的套管和水泥环	（1）目的层及隔挡层处套管抗外挤强度。（2）目的层及隔挡层处套管固井质量	（1）校核井内为射孔压井液时的目的层及隔挡层处套管抗外挤安全系数是否满足标准要求。（2）是否有连续 25m 固井质量优良的井段
第二井屏障		
压井液	射孔压井液密度	（1）射孔压井液密度和性能是否符合设计要求压井液高温老化实验数据。（2）若射孔压井液柱压力能平衡地层压力则可以单独作为第二井屏障
油层套管（含喇叭口）	（1）喇叭口是否密封良好。（2）套管抗内压强度能否满足井控和环空加压射孔要求	（1）是否对喇叭口进行负压验窜，验窜压力及结论。（2）替射孔压井液过程中喇叭口是否窜漏。（3）校核射孔压井液时的套管强度是否满足井控和环空加压射孔要求
井口装置（包含套管头、油管头、防喷器组）	井口装置是否满足起下钻井控要求	防喷器组合形式、闸板芯子是否满足井控细则规定和设计要求（半封闸板是否与入井管柱匹配，是否配备有剪切闸板）

表 G-2　射孔、起射孔管柱时的井屏障部件评价表

井屏障部件	评价内容	评价方法
第一井屏障		
压井液	压井液是否能平衡地层压力，是否是有效的井屏障	（1）射孔后观察时间及出口显示、压力变化，有无漏失，监测环空液面变化。 （2）射孔后短起下测后效或循环后有无后效压井液密度调整
第二井屏障		
射孔段以上油层套管（含尾管喇叭口）	套管抗内压强度能否满足井控要求 采用环空加压射孔方式时，加压值是否超过压井液时最高井口控制套压，是否超过尾管喇叭口试压压力	（1）校核射孔段以上套管强度是否满足井控要求。 （2）核实实际加压值是否超过压井液时最高井口控制套压及尾管喇叭口试压压力。 （3）如操作试压压力应提示是否可能造成喇叭口损坏
套管外水泥环	采用环空加压射孔方式时，井口施加压力是否造成管外水泥环被破坏	（1）通过环空压力连续监测判断。 （2）后期可通过固井质量测井验证。 （3）或采用验窜、验漏等方法验证
钻杆/油管	钻杆/油管强度是否满足井控要求 采用管柱内加压射孔方式时，加压值是否超过管柱许可压力	（1）校核管柱抗内压强度是否满足井控要求采用管柱内加压射孔方式时，加压值是否超过管柱许可压力。 （2）通过射孔后的油套压力监测及循环判断射孔管柱有无渗漏
内防喷工具	内防喷工具是否满足井控要求	（1）射孔期间是否安装有内防喷工具。 （2）内防喷工具压力等级、试压及检验情况
井口装置（包含套管头、油管头、防喷器组）	井口装置是否满足井控要求 采用环空加压射孔方式时，加压值是否超过井口装置额定工作压力	（1）套管头、油管头、防喷器组额定工作压力和试压值能否满足井控要求，是否满足纯天然气时稳定关井要求。 （2）防喷器组闸板芯子是否满足井控要求（半封闸板是否与入井管柱匹配，是否配备有剪切闸板）

表 G-3　下测试管柱时的井屏障部件评价表

井屏障部件	评价内容	评价方法
第一井屏障		
压井液	压井液是否能平衡地层压力，是否是有效的井屏障	（1）下测试管柱期间有无异常。 （2）下到位后开泵循环是否正常
第二井屏障		
射孔段以上油层套管（含尾管喇叭口）	套管抗内压强度能否满足井控要求	校核压井液条件下射孔段以上套管强度是否满足井控要求
测试管柱	管柱强度是否满足井控要求	（1）校核管柱强度是否满足井控要求。 （2）管柱是否有压井通道
井下关井阀	井下关井阀是否满足井控要求	（1）关井阀压力等级，试压压力。 （2）关井阀是否开关正常

续表

井屏障部件	评价内容	评价方法
井口装置（包含套管头、油管头、防喷器组）	井口装置是否满足井控要求	(1) 套管头、油管头、防喷器组额定工作压力和试压值能否满足井控要求，是否满足纯天然气时稳定关井要求。 (2) 防喷器组闸板芯子是否满足井控要求（半封闸板是否与入井管柱匹配，是否配备有剪切闸板）

表 G-4　坐封、换装井口后的井屏障部件评价表

井屏障部件	评价内容	评价方法
第一井屏障		
隔挡层	目的层上部是否有隔挡层	(1) 通过岩性资料、测井资料、地破试验等分析目的层上部是否有隔挡层。 (2) 若隔挡层状态并未改变，可不评价
封隔器以下的油层套管	封隔器以下的套管强度是否满足井控要求	封隔器以下油层套管是否满足纯天然气时稳定关井要求
封隔器	封隔器可靠性	(1) 封隔器抗内压强度能否满足稳定关井要求。 (2) 环空为射孔压井液时，封隔器所受最大压差是否在其工作压力范围内。 (3) 坐封后的验封情况。 (4) 作业期间 A 环空连续压力监测情况
测试管柱	管柱强度是否满足井控要求	(1) 校核管柱强度（含井下工具、油管挂）是否满足稳定关井要求。 (2) 坐封工况下测试管柱三轴应力安全系数是否符合要求。 (3) 作业期间 A 环空连续压力监测情况
井下关井阀	井下关井阀是否满足井控要求	(1) 关井阀压力等级，试压压力。 (2) 关井阀是否开关正常
第二井屏障		
封隔器以上油层套管	封隔器以上油层套管抗内压强度能否满足井控要求	(1) 计算封隔器以上油层套管在射孔压井液条件下的综合控制参数，是否满足环空操作压力要求。 (2) 计算封隔器以上油层套管在压井液条件下的综合控制参数，是否满足封隔器失效情况下压井的要求
井口装置（包含套管头、油管头、防喷器组、试油井口）	井口装置是否满足井控要求	(1) 套管头、油管头、防喷器组额定工作压力和试压值能否满足井控要求，是否满足纯天然气时稳定关井要求。 (2) 防喷器组闸板芯子是否满足井控要求（半封闸板是否与入井管柱匹配，是否配备有剪切闸板）。 (3) 试油井口额定工作压力和试压值能否满足井控要求，是否满足纯天然气时稳定关井要求

表 G-5 替液后的井屏障部件评价表

井屏障部件	评价内容	评价方法
第一井屏障		
隔挡层	目的层上部是否有隔挡层	(1) 通过岩性资料、测井资料、地破试验等分析目的层上部是否有隔挡层。 (2) 若隔挡层状态并未改变，可不评价
封隔器以下的油层套管	封隔器以下的套管强度是否满足井控要求	替液后封隔器以下套管是否被挤毁的风险（替入液密度过低）
封隔器	封隔器可靠性	(1) 替液后，封隔器上下压差是否在其工作压力的 80% 以内。 (2) 替液期间 A 环空压力连续监测情况
测试管柱	管柱强度是否满足井控要求	(1) 替液后测试管柱最大压差是否超过最薄弱段油管抗外挤强度。 (2) 工作液条件下测试管柱三轴应力安全系数是否符合要求。 (3) 作业期间 A 环空连续压力监测情况
井下关井阀	井下关井阀是否满足井控要求	(1) 关井阀压力等级、试压压力。 (2) 关井阀是否开关正常
替液阀	替液阀可靠性	(1) 替液阀工作压力，入井前检测情况。 (2) 开关是否正常。 (3) 通过循环或 A 环空压力连续监测情况判断其是否关闭
第二井屏障		
封隔器以上油层套管	封隔器以上油层套管抗内压强度能否满足井控要求	(1) 计算替液后封隔器以上油层套管在工作液条件下的综合控制参数，是否满足环空操作压力要求。 (2) 计算封隔器以上油层套管在工作液条件下的综合控制参数，是否满足封隔器失效情况下压井的要求
井口装置（包含套管头、油管头、防喷器组、试油井口）	井口装置是否满足井控要求	(1) 套管头、油管头、防喷器组额定工作压力和试压值能否满足井控要求，是否满足纯天然气时稳定关井要求。 (2) 防喷器组闸板芯子是否满足井控要求（半封闸板是否与入井管柱匹配，是否配备有剪切闸板）。 (3) 试油井口额定工作压力和试压值能否满足井控要求，是否满足纯天然气时稳定关井要求

备注：

表 G-6 排液、测试时的井屏障部件评价表

井屏障部件	评价内容	评价方法
第一井屏障		
隔挡层	目的层上部是否有隔挡层	隔挡层状态并未改变，不评价
封隔器以下的油层套管	封隔器以下的套管强度是否满足井控要求	（1）封隔器以下套管纯天然气时最高控制套压是否满足稳定关井要求。 （2）封隔器以下套管允许最大掏空深度，诱喷排液期间连续油管下深是否超过最大掏空深度。 （3）排液期间是否按清水时最低控制油压控制。 （4）测试求产时是否按纯天然气时最低油压控制
封隔器	封隔器可靠性	（1）排液测试期间封隔器承受的上下压差是否超过封隔器工作压力的80%。 （2）测试期间 A 环空压力连续监测情况
测试管柱	管柱强度是否满足井控要求	（1）排液、测试工况下测试管柱三轴应力安全系数是否符合标准要求（采用实际参数）。 （2）测试期间 A 环空压力连续监测情况
井下关井阀	井下关井阀是否满足井控要求	（1）关井阀压力等级，试压压力。 （2）关井阀是否开关正常。 （3）测试期间 A 环空压力连续监测情况
第二井屏障		
封隔器以上油层套管	封隔器以上油层套管强度能否满足井控要求	（1）计算替液后封隔器以上油层套管在工作液条件下的综合控制参数，是否满足环空操作压力要求。 （2）计算封隔器以上油层套管在工作液条件下的综合控制参数，是否满足封隔器失效情况下压井的要求
井口装置（包含套管头、油管头、防喷器组、试油井口）	井口装置是否满足井控要求	（1）套管头、油管头、防喷器组额定工作压力和试压值能否满足井控要求，是否满足纯天然气时稳定关井要求。 （2）防喷器组闸板芯子是否满足井控要求（半封闸板是否与入井管柱匹配，是否配备有剪切闸板）。 （3）试油井口额定工作压力和试压值能否满足井控要求，是否满足纯天然气时稳定关井要求

表 G-7   储层改造前的井屏障部件评价表

井屏障部件	评价内容	评价方法
第一井屏障		
隔挡层	储层改造作业是否会破坏隔挡层	（1）是否有隔挡层。 （2）储层改造预计的地层破裂压力梯度是否超过隔挡层地破实验数据
封隔器以下的油层套管	封隔器以下的套管强度是否满足储层改造要求	储层改造时的井底压力是否超过封隔器以下套管清水时最高控制油压。如果超过应作相应的风险提示或建议改造施工时的压力控制范围
封隔器	储层改造作业是否对封隔器密封性能产生影响	（1）储层改造期间，封隔器处承受的最大压差是否超过封隔器工作压力的80%。 （2）按照储层改造设计施工参数校核封隔器受力是否在其性能信封曲线内。如存在超压，应进行风险提示或调整施工参数
测试管柱	管柱强度是否满足储层改造要求	储层改造恶劣工况下的测试管柱三轴应力安全系数是否符合标准要求
井下关井阀	井下关井阀是否满足储层改造要求	储层改造期间预计最大压差是否在井下工具允许的压力范围内
第二井屏障		
封隔器以上油层套管	封隔器以上油层套管强度能否满足储层改造要求	封隔器以上油层套管在工作液条件下最高控制套压是否满足储层改造期间施加平衡压力的要求
井口装置 （包含套管头、油管头、防喷器组、试油井口）	井口装置是否满足井控要求	（1）套管头、油管头、防喷器组额定工作压力和试压值能否满足井控要求，是否满足储层改造施加平衡压力的要求。 （2）试油井口额定工作压力和试压值能否满足储层改造施工压力、环空施加平衡压力的要求

表 G-8 储层改造后的井屏障部件评价表

井屏障部件	评价内容	评价方法
第一井屏障		
隔挡层	目的层上部的隔挡层是否被储层改造作业破坏	储层改造实际施工参数（井底压力）是否超过隔挡层地破试验压力；如超过则进行风险提示
封隔器以下的油层套管	储层改造作业是否压坏封隔器下部套管	储层改造时井底压力是否超过封隔器下部油层套管抗内压强度（封隔器下部油层套管清水时最高控制压力）如超过则进行风险提示
封隔器	储层改造作业是否对封隔器密封性能产生影响	（1）储层改造期间，封隔器处实际最大压差是否超过封隔器工作压力的80%。 （2）按照储层改造设计施工参数再次校核封隔器受力是否在其性能信封曲线内。 （3）储层改造期间 A 环空压力连续监测情况
测试管柱	管柱强度是否满足井控要求	（1）实际最恶劣工况下测试管柱三轴应力安全系数是否符合标准要求。 （2）储层改造期间 A 环空压力连续监测情况
井下关井阀	井下关井阀是否满足储层改造要求	（1）储层改造期间实际最大压差是否在井下工具允许的压力范围内。 （2）储层改造期间 A 环空压力连续监测情况
第二井屏障		
封隔器以上油层套管	封隔器以上油层套管强度能否满足储层改造要求	储层改造期间的最高平衡压力是否超过最高控制套压
井口装置（包含套管头、油管头、防喷器组、试油井口）	井口装置是否满足储层改造要求	（1）储层改造施工最高井口压力是否超过试油井口额定工作压力。 （2）环空施加的平衡压力是否超过油管头、套管头额定工作压力。 （3）储层改造期间套管头、油管头压力连续监测情况

表 G-9　改造后排液、测试、关井测压的井屏障部件评价表

井屏障部件	评价内容	评价方法
第一井屏障		
隔挡层	目的层上部是否有隔挡层	隔挡层状态并未改变，不评价
封隔器以下的油层套管	封隔器以下的套管强度是否满足井控要求	封隔器以下套管纯天然气时最高控制套压是否满足稳定关井要求
封隔器	封隔器可靠性	（1）关井期间，封隔器承受的上下压差是否超过封隔器工作压力的80%。 （2）关井期间 A 环空压力连续监测情况
测试管柱	管柱强度是否满足井控要求	（1）关井工况下测试管柱三轴应力安全系数是否符合标准要求。 （2）关井期间 A 环空压力连续监测情况
井下关井阀	井下关井阀是否满足井控要求	（1）关井阀是否开关正常。 （2）关井期间 A 环空压力连续监测情况
第二井屏障		
封隔器以上油层套管	封隔器以上油层套管强度能否满足井控要求	（1）关井期间是否施加平衡压力。 （2）平衡压力是否在封隔器以上油层套管允许控制套压范围内
井口装置（包含套管头、油管头、防喷器组、试油井口）	井口装置是否满足井控要求	（1）套管头、油管头、防喷器组额定工作压力和试压值能否满足井控要求，是否满足关井期间施加平衡压力的要求。 （2）试油井口额定工作压力和试压值能否满足稳定关井的要求

表 G–10　压井后的井屏障部件评价表

井屏障部件	评价内容	评价方法
第一井屏障		
压井液	压井液密度	（1）压井液柱压力是否能平衡地层压力。 （2）压井期间井口观察情况
第二井屏障		
封隔器以上的油层套管	封隔器以上的套管强度是否满足压井要求	压井施工压力是否超过封隔器以上套管最高控制套压
测试管柱	管柱是否满足压井要求	（1）压井期间，测试管柱进出口是否正常。 （2）压井期间 A 环空压力连续监测情况
井口装置（包含套管头、油管头、防喷器组、试油井口）	井口装置是否满足压井要求	（1）套管头、油管头、防喷器组额定工作压力和试压值能否满足压井要求。 （2）试油井口额定工作压力和试压值能否满足压井的要求

表 G–11　换装井口、解封、起管柱时的井屏障部件评价表

井屏障部件	评价内容	评价方法
第一井屏障		
压井液	压井液是否能平衡地层压力，是否是有效的井屏障	（1）解封后循环是否正常。 （2）起测试管柱期间有无异常
第二井屏障		
套管	套管抗内压强度能否满足循环压井要求	循环压井期间的井口压力是否在油层套管控制参数范围内
测试管柱	管柱强度是否满足循环压井要求	管柱强度是否满足压井作业要求
井口装置（包含套管头、油管头、防喷器组）	井口装置是否满足井控要求	（1）套管头、油管头、防喷器组额定工作压力和试压值能否满足井控要求，是否满足纯天然气时稳定关井要求。 （2）防喷器组闸板芯子是否满足井控要求（半封闸板是否与入井管柱匹配，是否配备有剪切闸板）

表 G–12　封闭后的井屏障部件评价表

井屏障部件	评价内容	评价方法
第一井屏障		
隔挡层	目的层上部是否有有效的隔挡层，是否会被储层改造作业破坏	（1）环空压力连续监测。 （2）后期找窜、验漏
隔挡层套管外水泥环	套管固井质量	电测固井质量
水泥塞	水泥塞厚度及封固质量	（1）水泥塞是否选择在管外有连续25m以上固井质量优良的井段。 （2）实际水泥塞厚度是否低于150m。 （3）水泥塞试压是否合格
第二井屏障		
压井液	压井液密度	压井液柱压力是否能平衡地层压力
油层套管	套管抗内压强度能否满足井控要求	校核射孔压井液时的套管强度是否满足井控要求
井口装置（包含套管头、油管头、防喷器组）	井口装置是否满足起井控要求	防喷器组合形式、闸板芯子是否满足井控细则规定和设计要求（半封闸板是否与入井管柱匹配，是否配备有剪切闸板）

附录 H　典型高压气井完井投产过程中的

井屏障示意图绘制示例

（资料性附录）

　　针对完井投产作业采用的工艺，确定整个完井投产作业过程中的井屏障示意图绘制情况。示例为典型高压气井采用先射孔再下永久封隔器＋井下安全阀的永久封隔器管柱的完井工艺，完井过程需要绘制 6 个井屏障示意图（表 H–1），各工况下的井屏障示意图如图 H–1 至图 H–6 所示。

表 H–1　完井过程中井屏障示意图

序号	作业过程描述	参考
1	完井投产前	图 H–1
2	下完井管柱（管柱可剪切）	图 H–2
3	下完井管柱（管柱不可剪切）	图 H–3
4	换装井口	图 H–4
5	替液／坐封封隔器前	图 H–5
6	封隔器坐封后	图 H–6

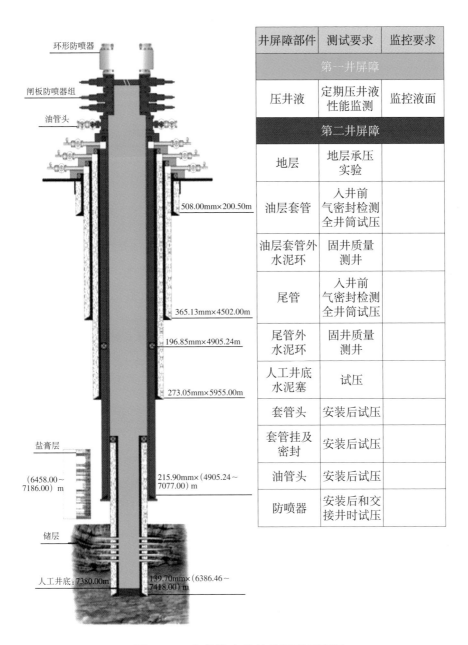

井屏障部件	测试要求	监控要求
第一井屏障		
压井液	定期压井液性能监测	监控液面
第二井屏障		
地层	地层承压实验	
油层套管	入井前气密封检测全井筒试压	
油层套管外水泥环	固井质量测井	
尾管	入井前气密封检测全井筒试压	
尾管外水泥环	固井质量测井	
人工井底水泥塞	试压	
套管头	安装后试压	
套管挂及密封	安装后试压	
油管头	安装后试压	
防喷器	安装后和交接井时试压	

图中标注：

环形防喷器

闸板防喷器组

油管头

508.00mm×200.50m

365.13mm×4502.00m

196.85mm×4905.24m

273.05mm×5955.00m

盐膏层

(6458.00～7186.00) m

215.90mm×(4905.24～7077.00) m

储层

人工井底：7380.00m

139.70mm×(6386.46～7418.00) m

图 H—1　完井投产前的井屏障示意图

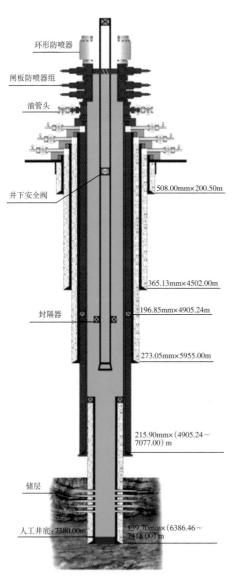

井屏障部件	测试要求	监控要求
第一井屏障		
压井液	定期压井液性能监测	监控液面
第二井屏障		
地层		
套管		
套管外水泥环		
套管头		
套管挂及密封		
油管头		
防喷器	拆装密封部件后试压	

图 H-2　下完井管柱（管柱可剪切）的井屏障示意图

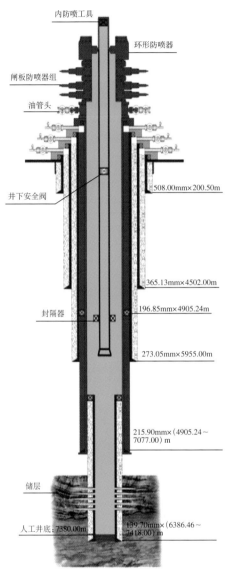

井屏障部件	测试要求	监控要求
第一井屏障		
压井液	定期压井液性能监测	监控液面
第二井屏障		
地层		
套管		
套管外水泥环		
套管头		
套管挂及密封		
油管头		
防喷器	拆装密封部件后试压	

图 H–3　下完井管柱（管柱不可剪切）期间的井屏障示意图

图中标注：
- 内防喷工具
- 环形防喷器
- 闸板防喷器组
- 油管头
- 井下安全阀
- 封隔器
- 储层
- 人工井底：7380.00m
- 508.00mm×200.50m
- 365.13mm×4502.00m
- 196.85mm×4905.24m
- 273.05mm×5955.00m
- 215.90mm×（4905.24～7077.00）m
- 139.70mm×（6386.46～7418.00）m

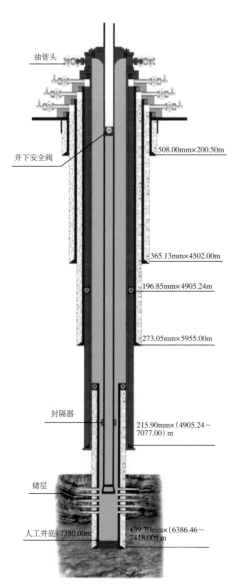

井屏障部件	测试要求	监控要求
第一井屏障		
压井液		监测液面
第二井屏障		
地层		
套管		各环空压力监控
套管外水泥环		各环空压力监控
套管头		
套管挂及密封		
油管头		
油管挂及密封	安装采油树后试压	
油管	入井时气密封试压	
井下安全阀	安装后按照高低压试压安装后功能测试	

图 H-4 换装井口（拆防喷器后）的井屏障示意图

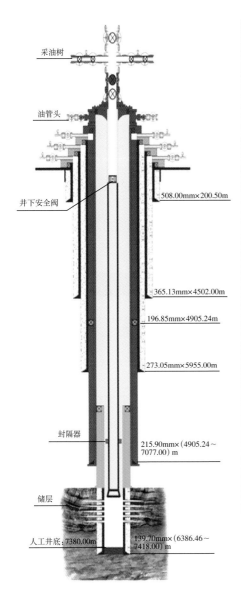

采油树

油管头

井下安全阀

508.00mm×200.50m

365.13mm×4502.00m

196.85mm×4905.24m

273.05mm×5955.00m

封隔器

215.90mm×(4905.24~7077.00) m

储层

人工井底：7380.00m

139.70mm×(6386.46~7418.00) m

井屏障部件	测试要求	监控要求
第一井屏障		
地层 *		
尾管		A 环空压力监控
尾管外水泥环		A 环空压力监控
套管 *		A/B 环空压力监控
套管外水泥环 *		A/B 环空压力监控
套管头 *		
套管挂及密封 *		A/B 环空压力监控
油管头 *		
油管挂及密封 *		A 环空压力监控
油管		A 环空压力监控
井下安全阀		A 环空压力监控
第二井屏障		
地层 *		
套管 *		A/B 环空压力监控
套管外水泥环 *		A/B 环空压力监控
套管头 *	定期测试	
套管挂及密封 *		A/B 环空压力监控
油管头 *	定期测试	
油管挂及密封 *		A 环空压力监控
采油树	安装后高低压试压（水、气）采油树阀功能测试定期测试	

表格内标 * 的为共用井屏障部件

图 H−5　替液／坐封封隔器前的井屏障示意图

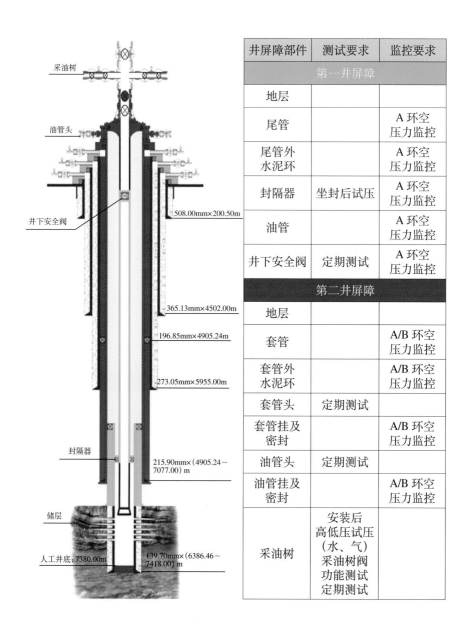

井屏障部件	测试要求	监控要求
第一井屏障		
地层		
尾管		A 环空压力监控
尾管外水泥环		A 环空压力监控
封隔器	坐封后试压	A 环空压力监控
油管		A 环空压力监控
井下安全阀	定期测试	A 环空压力监控
第二井屏障		
地层		
套管		A/B 环空压力监控
套管外水泥环		A/B 环空压力监控
套管头	定期测试	
套管挂及密封		A/B 环空压力监控
油管头	定期测试	
油管挂及密封		A/B 环空压力监控
采油树	安装后高低压试压（水、气）采油树阀功能测试定期测试	

图 H-6　封隔器坐封后的井屏障示意图

附录 I 完井管柱力学校核报告

（资料性附录）

I.1 基础资料

I.1.1 施工工序概述

对作业井段及方案、工序进行描述。

I.1.2 校核依据

I.1.2.1 校核安全系数

抗内压、抗外挤、轴向抗拉、相当应力安全系数的取值。

I.1.2.2 油管强度确定

计算时对油管本体与接头的强度取值。

I.1.2.3 储层改造施工相关参数

确定计算所用储层改造液体密度及降阻率、地层破裂压力和裂缝延伸压力梯度。

I.1.2.4 油层套管试压情况

I.1.3 基础数据

表 I-1 基础数据表

井深 m		地面海拔 m		地面温度 ℃			地温梯度 ℃/100m	
人工井底 m		补心海拔 m		井口压力等级 MPa			压力系数	
名称	规格型号	下深 m	工具参数					
液体类型	试油工作液	完井液	酸液	酸化排量 m³/min	目的层中部深度 m	裂缝延伸压力梯度 MPa/m	预计产油 m³/d	预计产气 10⁴m³/d
密度，g/cm³								

I.2 校核情况

I.2.1 油管组合及轴向抗拉安全系数

表 I−2 油管组合及轴向抗拉安全系数表

油管规格 （钢级 / 外径 / 壁厚） mm	下深 m	段长 m	重量，kN		轴向抗拉安全系数	
			空气中	完井工作液	空气中	完井工作液
全井管柱						

I.2.2 各工况的参数取值及其最低三轴应力强度安全系数

表 I−3 各工况的参数取值及其最低三轴应力强度安全系数表

工况	油压 MPa	套压 MPa	最低安全系数	薄弱点位置
低挤				
砂堵				
正常储层改造 （不同排量）				
生产				
关井				
生产后期 （最低油压）				

I.2.3 各工况三轴应力强度安全系数分布图

I.2.4 各段油管载荷控制图

I.2.5 封隔器校核

各工况下封隔器受力数据

各工况下封隔器受力在其信封曲线图描述情况

I.2.6 井下安全阀校核

各工况下井下安全阀受力数据

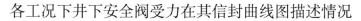

各工况下井下安全阀受力在其信封曲线图描述情况

I.2.7 校核结论

1）注入工况下，不同油套压时的管柱安全系数情况；

2）产出工况下，不同油套压时的管柱安全系数情况；

3）各工况下封隔器、井下安全阀载荷描述。

I.3 油套管控制参数计算（单轴）

I.3.1 油管控制参数计算

表 I-4 油管控制参数计算表

序号	外径 mm	壁厚 mm	钢级	计算深度 m	抗内压 MPa	抗外挤 MPa	清水，套压为0时，最高油压 MPa	纯气，套压为0时，井口最高油压 MPa	纯气，套压为0时，井口最低油压 MPa	清水，套压0时，最大掏空深度 m
安全控制参数										

I.3.2 油层套管控制参数计算

I.3.2.1 光油管时套管控制参数

表 I-5 光油管时套管控制参数计算表

序号	外径 mm	壁厚 mm	钢级	计算深度 m	抗内压 MPa	抗外挤 MPa	固井前管外钻井液密度 g/m³	清水时井口最高套压 MPa	纯气时井口最高套压 MPa	纯气时井口最低套压 MPa	清水时最大掏空深度 m
安全控制参数											

I.3.2.2　封隔器以上套管控制参数

表 I-6　封隔器以上套管控制参数计算表

序号	外径 mm	壁厚 mm	钢级	计算深度 m	抗内压 MPa	抗外挤 MPa	固井前管外钻井液密度 g/m³	完井液时最高套压 MPa
安全控制参数								

注：套管计算深度为封隔器下深。

I.3.2.3　封隔器以下套管控制参数

表 I-7　封隔器以下套管控制参数计算表

序号	外径 mm	壁厚 mm	钢级	计算深度 m	抗内压 MPa	抗外挤 MPa	固井前管外钻井液密度 g/m³	清水时井口最高油压 MPa	纯气时井口最高油压 MPa	纯气时井口最低油压 MPa	清水时最大掏空深度 m
安全控制参数											

I.4　综合控制参数

表 I-8　综合控制参数表

工况	A环空内流体	油管内流体	油压 MPa	推荐控制套压 MPa	井口油套压差 MPa	封隔器处油套压差 MPa	备注
储层改造							
放喷求产							
关井							

附录 J 完井作业完整性要求

（资料性附录）

工序		相关要求
完井前准备	井筒准备	（1）根据井筒评价结果确定是否回接套管和井筒试压，试压值应满足作业过程中各工况的需要，同时应考虑井筒所能承受的最高压力，稳压 30 min、压降不超过 0.7MPa 为合格。 （2）检查各级套管头（四通阀门）是否清理干净、是否畅通、开关是否正常、压力表是否齐全完好（校验合格），并试压合格。 （3）悬挂尾管的高压油气井，应根据完井工艺和尾管固井质量评价结果决定是否验窜；验窜通过下入测试工具在尾管悬挂器上方 20～30 m 坐封开井，验证尾管悬挂器是否窜漏；验窜压差值应不小于尾管悬挂器对应深度原钻井液液柱压力与完井液液柱压力所产生的静液柱压差值。 （4）工具入井前应进行铣喇叭口、刮壁、通井作业；对预计封隔器坐封位置上下 50 m、射孔井段反复刮削三次以上；根据封隔器规格确定通井规外径及长度；悬挂尾管的油气井，应进行铣喇叭口作业
	液体准备	（1）按照设计要求配制射孔压井液，液体性能应满足整个完井作业周期性能稳定、无沉降的要求。配制过程中对射孔压井液做高温老化实验，实验温度不低于井底温度。 （2）按照设计要求配制完井液、隔离液，完井液性能应满足相关标准要求。 （3）按照井控实施细则的要求作好加重材料的储备及工作液的日常维护工作
	作业主机准备	动力设备、提升系统、刹车系统、循环系统、井控系统、照明电力系统、仪器仪表、井口工具应齐全完好，性能符合要求
	井口装置准备	（1）按照设计要求准备好起下钻井控装置，并按井控实施细则要求试压合格。 （2）配备好相应尺寸闸板芯子并依据所下钻具组合情况及时更换相应的闸板芯子。 （3）根据作业管柱的尺寸准备好相应的防喷单根及变扣接头等内防喷工具。 （4）特殊作业的井控装置应按井控实施细则要求安装并试压合格。 （5）采油树到井场后要检查维保、检验、试压合格证等文件和送料清单并验收
	地面流程准备	按照设计要求组织地面流程，连接好地面流程后按井控实施细则要求试压合格。
	油管准备	（1）如施工油管为气密封特殊扣及特殊材质油管，相关服务方应编写下油管施工设计。 （2）油管送到井场后要按送料清单复核油管的规格、数量和钢级是否符合工程设计要求，确认无误后按相关标准要求摆放。 （3）按相关要求清洗、检查、丈量、用油管规通内径

续表

工序		相关要求
完井前准备	井下工具准备	服务方按任务通知单要求准备好完井封隔器、井下安全阀等井下工具，井下工具要在工房试压合格并填写清单，运到现场后应核查工具试压记录、合格证、检查清单和送料清单等并验收
	射孔器材准备	（1）按射孔通知单要求准备射孔器材，到现场后应检查射孔器材是否符合设计和射孔通知单相符。 （2）射孔枪、接头、启爆器等承压件应进行强度测试，其额定工作压力不大于强度测试压力的 80%。 （3）火工品器材在作业井井底温度下的耐温时间必须充分满足射孔作业时间（含下钻时间）要求
	安全防护准备	（1）在井场及其周围设置风向标，标明警戒区域，划分施工区和安全区，标明逃生路线。 （2）安装排风设备，使井口、钻台、机房、泵房保持通风良好。 （3）配备测试所需的防火、防毒用具、监测设备和药品等。 （4）对所有参与施工的人员进行防 H_2S 中毒的安全防护知识培训，掌握 H_2S 监测仪和正压式呼吸器等防护器具的正确使用方法。 （5）施工现场应有安全人员到现场把关
施工作业	射孔	（1）射孔施工过程中遭遇狂风、雷电等恶劣天气时应终止作业，夜间原则上不进行射孔作业。 （2）下射孔枪管柱前，零长必须丈量准确（校深短节至第一发射孔弹之间长度），避免误射孔。 （3）要对启爆器实际安装销钉数量及剪切值进行再次校对，确认无误后方可入井。 （4）下钻期间应严格控制下钻速度并保持平稳下钻，避免因压力激动造成提前射孔。 （5）在射孔器未定位到射孔目的层前，禁止大排量循环洗井、替换压井液、调整液面等。 （6）射孔校深数据应至少经两个射孔技术人员独立校核一致并经现场监督审核书面确认后方可打压点火。 （7）确认射孔成功后，起钻前应短起下测后效，循环后观察时间应符合井控实施细则的要求，确认井内平稳后起钻
	下完井管柱	（1）下管柱前准备配合接头、内防喷工具及相应变扣、接好防喷单根，防喷器应及时更换相应尺寸闸板芯子。 （2）按设计顺序下入工具，检查螺纹和通径，密封脂均匀涂抹在公扣上，按标准扭矩紧扣。入井工具必须在地面试压合格后方能入井；所有工具入井前地面拍照并测量工具尺寸，绘制工具尺寸草图。 （3）记录封隔器或伸缩管以下管柱的重量。 （4）下钻完成后记录管柱的悬重，包括上提悬重、上提静止悬重、下放悬重和下放静止悬重。 （5）对气密封特殊扣油管，下油管前应检查扭矩监控系统的参数设置。下油管时均匀涂抹螺纹脂，使用引扣器引扣，按规定扭矩上扣。 （6）管串入井前封隔器以上所有连接扣进行气密性检测。 （7）下至井下安全阀位置时，连接井下安全阀和液压控制管线，控制管线试压合格、井下安全阀开关正常。 （8）作业期间严防井下落物，避免造成卡钻等井下事故。 （9）下管柱期间，加强坐岗，发现异常应立即按井控实施细则相关要求处理

工序		相关要求
施工作业	换装井口	（1）核实油管挂尺寸是否与防喷器通径匹配，检查油管头的顶丝是否退入内螺纹内。 （2）油管挂连接前应检查密封组件是否完好。 （3）油管挂入座后，对称顶紧顶丝。 （4）井下安全阀控制管线按照操作要求穿越油管挂、采油四通后，验证井下安全阀开关是否正常，具备条件时应对控制管线穿越孔密封组件试压合格。 （5）按规定扭矩对称上紧采油树与采油四通之间的螺栓，对采油树下法兰试压至额定工作压力稳压 30min，压降小于 0.7MPa。试压后对采油树所有螺栓重复紧扣检查。 （6）采油树安装好后，接地面流程，对采油树及地面流程高压部分试压合格。 （7）易喷易漏储层换装井口前必须安装油管内防喷工具，保证在换装井口期间油管内处于可控状态
	替液、坐封	（1）采用反循环方式替完井液，替液过程应连续进行，控制好泵压、排量，避免泵压、排量波动过大刺坏封隔器胶筒或封隔器提前坐封。 （2）不同液体体系间应使用隔离液，隔离液高度根据具体井况和替液方式确定，一般为 300 ~ 500m。 （3）低密度替高密度液体时根据需要使用过渡浆。 （4）替液期间，出口节流控制。整个替液过程中加强坐岗，监测好泵入量、返出量。 （5）坐封球的尺寸必须确认后方可入井。 （6）应按设计和封隔器坐封程序加压坐封封隔器，封隔器坐封好后进行验封。若验封不合格，应重新坐封，直到验封合格。必要时，应起出管柱，查明原因，重新组下
	储层改造	（1）按设计要求完成地面管线、压裂车组连接，依次对压裂设备排空，按设计要求试压合格。对井口、管汇、活动弯头等部位按要求进行固定。 （2）按液体设计要求配制工作液并抽样分析监测液体质量。 （3）作业前应巡查采油树各闸门、高低压管线及阀件、泄压管线、关键岗位。 （4）按储层改造施工设计要求连续施工，控制好井口油套压力，液体转换及时准确，达到设计要求的排量和施工参数。施工过程中记录施工参数
	排液求产	（1）排液期间按设计要求控制井口油套压力。 （2）在气举排液时，应按照工程设计要求控制好掏空深度。 （3）高压气井排液求产期间对其余环空进行连续压力监测
	交井	按交接井规定执行
	其他要求	（1）井场用电及照明按 SY/T 5727 中相关内容执行。 （2）井场防火防爆和消防器材要求按 SY/T 5225 中相关内容执行。 （3）含硫化氢井完井作业 HSE 要求按 SY/T 5087 执行

附录 K 高压气井完井投产各施工节点的完整性评价
（资料性附录）

完井投产井完整性评价应涵盖完井投产作业所有工序，包括但不限于以下内容：完井前准备、通井刮壁、负压验窜、射孔、下完井管柱、换装井口、替液、坐封、储层改造、排液求产、关井等。每个作业工序都有对应的井屏障，在施工过程中井屏障会随工序的变化而变化，在工序实施前后井屏障的完整性也可能会发生改变。根据需要识别出施工节点的井屏障，利用清单式评价方法对井屏障状态进行评价。

下面是尾管射孔完井方式完成的某高压气井，采用先射孔再下完井管柱的的完井投产工艺过程中的施工节点完整性评价清单。

表 K-1 完井前准备、通井、刮管、铣喇叭口时的井屏障部件评价表

井屏障部件	评价内容	评价方法
第一井屏障		
隔挡层	目的层上部是否有隔挡层	通过岩性资料、测井资料、地破试验等分析目的层上部是否有隔挡层
目的层及隔挡层处的套管和水泥环	目的层及隔挡层处套管抗外挤强度 目的层及隔挡层处套管固井质量	（1）校核井内为射孔压井液时的目的层及隔挡层处套管抗外挤安全系数是否满足标准要求。 （2）是否有连续 25m 固井质量按优良的井段
第二井屏障		
压井液	射孔压井液密度	（1）射孔压井液密度和性能是否符合设计要求。 （2）若射孔压井液柱压力能平衡地层压力则可以单独作为第二井屏障

表 K−2　射孔及起射孔管柱时的井屏障部件评价表

井屏障部件	评价内容	评价方法
第一井屏障		
压井液	压井液是否能平衡地层压力，是否是有效的井屏障	（1）射孔后观察井口有无线流或压力。 （2）环空液面监测有无漏失。 （3）循环后短起下有无后效
第二井屏障		
射孔段以上油层套管（含尾管喇叭口）	套管抗内压强度能否满足井控要求	校核射孔段以上套管强度是否满足井控要求
套管外水泥环	射孔是否会破坏套管外水泥环	通过固井质量测井验证
钻杆/油管	钻杆/油管强度是否满足井控要求 采用管柱内加压射孔方式时，加压值是否超过管柱许可压力	（1）校核管柱抗内压强度是否满足井控要求。 （2）采用管柱内加压射孔方式时，加压值是否超过管柱许可压力
内防喷工具	内防喷工具是否满足井控要求	内防喷工具是否在有效期内，是否检验合格，压力等级是否满足井控要求
井口装置（包含套管头、油管头、防喷器组）	井口装置是否满足井控要求	（1）套管头、油管头、防喷器组额定工作压力和试压值能否满足井控要求。 （2）防喷器组闸板芯子是否满足井控要求（半封闸板是否与入井管柱匹配，是否配备有剪切闸板）

表 K−3　下完井管柱、换装井口时的井屏障部件评价表

井屏障部件	评价内容	评价方法
第一井屏障		
压井液	压井液是否能平衡地层压力，是否是有效的井屏障	（1）射孔后观察情况。 （2）环空液面监测
第二井屏障		
射孔段以上油层套管（含尾管喇叭口）	套管抗内压强度能否满足井控要求	校核压井液条件下射孔段以上套管强度是否满足井控要求
完井管柱	管柱强度是否满足井控要求	（1）校核管柱抗内压强度是否满足井控要求。 （2）封隔器以上的连接扣是否按规定扭矩上扣，是否进行了气密封检测
井下安全阀	井下安全阀能否关井要求	井下安全阀压力等级是否满足稳定关井要求

续表

井屏障部件	评价内容	评价方法
井口装置 （包含套管头、 油管头、防喷器 组）	井口装置是否满足井控 要求	套管头、油管头、防喷器组额定工作 压力和试压值能否满足井控要求，防 喷器组闸板芯子是否满足井控要求（半 封闸板是否与入井管柱匹配，是否配 备有剪切闸板）

表 K-4 替液、坐封时的井屏障部件评价表

井屏障部件	评价内容	评价方法
第一井屏障		
隔挡层	目的层上部是否有隔挡 层	状态并未改变，不评价
封隔器以下油 层套管	封隔器以下油层套管是 否满足排液、测试要求	重新校核封隔器以下油层套管（考虑 射孔段套管后）的最大掏空深度及纯 天然气时最低控制套压
封隔器以下油 层套管外水 泥环	套管固井质量	射孔作业是否会对隔挡层处套管固井 质量造成破坏，可通过固井质量测井 验证
封隔器	封隔器可靠性	（1）封隔器工作压力是否能满足长期 生产的要求。 （2）封隔器坐封后是否验封合格。 （3）通过 A 环空压力连续监测，了 解封隔器工作状态
管柱	管柱强度	校核井下安全阀至封隔器之间的管柱 强度是否满足稳定关井要求
井下安全阀	井下安全阀能否满足关 井要求	（1）井下安全阀压力等级是否满足稳 定关井要求。 （2）入井后井下安全阀是否进行开关 测试
第二井屏障		
完井液	完井液密度及性能	完井液是否按标准配制，完井液密度 及性能是否符合设计要求
封隔器以上油 层套管（含喇 叭口）	封隔器以上套管强度校 核	计算封隔器以上油层套管在完井液条 件下的综合控制参数，是否满足环空 施加平衡压力要求
套管头	套管头可靠性	套管头额定工作压力是否满足环空施 加平衡压力的要求
油管头	油管头可靠性	油管头额定工作压力是否满足环空施 加平衡压力的要求
采油树	采油树可靠性	采油树额定工作压力是否满足储层改 造施工压力、井口稳定关井的要求

表 K-5　储层改造时的井屏障部件评价表

井屏障部件	评价内容	评价方法
第一井屏障		
隔挡层	目的层上部的隔挡层是否被储层改造作业破坏	结合地质力学分析成果，依据实际施工参数进行模拟计算
封隔器下部套管	储层改造作业是否压环封隔器下部套管	重新计算封隔器下部套管安全控制参数（考虑射孔对套管强度的影响），实际施工参数是否在安全范围内
封隔器下部套管外水泥环	储层改造作业是否造成管外水泥环被破坏	通过环空压力监测验证
封隔器	储层改造作业是否对封隔器密封性能产生影响	（1）储层改造期间封隔器压差分析。（2）通过A环空压力监测验证封隔器完整性
管柱	储层改造作业对管柱的影响	（1）用实际施工参数再次进行管柱校核，了解储层改造期间管柱是否安全。（2）通过A环空压力监测管柱完整性
井下工具	储层改造作业对井下工具的影响	（1）储层改造期间工具内外压力是否超过井下工具强度。（2）井下安全阀是否开关正常
第二井屏障		
封隔器以上油层套管（含喇叭口）	环空施加平衡压力对套管影响	平衡压力是否在套管安全控制参数内
封隔器以上油层套管（含喇叭口）外水泥环	施加平衡压力对套管外水泥环的影响	通过环空压力监测、固井质量测井验证
套管头	施加平衡压力对套管头的影响	（1）平衡压力是否超过套管头额定工作压力。（2）通过套管头两翼闸门、试压孔是否异常带压判断套管头完整性
油管头	施加平衡压力对油管头的影响	（1）平衡压力是否超过油管头额定工作压力。（2）通过油管头两翼闸门、试压孔是否异常带压判断油管头完整性
采油树	储层改造对采油树的影响	（1）采油树是否超压。（2）采油树阀门是否渗漏

表 K-6　排液求产、关井时的井屏障部件评价表

井屏障部件	评价内容	评价方法
第一井屏障		
隔挡层	目的层上部的隔挡层是否有效	通过环空压力监测来验证
封隔器下部套管	排液求产是否会造成封隔器下部套管被挤毁；关井是否会压坏封隔器下部套管	重新计算封隔器下部套管安全控制参数（考虑射孔对套管强度的影响），实际施工参数是否在安全范围内
封隔器下部套管外水泥环	排液求产、关井是否会造成封隔器下部套管外水泥环	（1）排液求产、关井期间温度对套管的影响。 （2）通过环空压力监测验证
封隔器	排液求产、关井是否对封隔器密封性能产生影响	（1）排液求产、关井是否按照相应的油套压力控制。 （2）分析实际工况下封隔器压差。 （3）通过 A 环空压力监测验证封隔器完整性
管柱	排液求产、关井是否对管柱产生影响	（1）用实际施工参数再次进行管柱校核，了解排液求产、关井期间管柱是否安全。 （2）通过 A 环空压力监测管柱完整性
井下工具	排液求产、关井对井下工具的影响	（1）排液求产、关井期间工具内外压力是否超过井下工具强度。 （2）井下安全阀是否开关正常
第二井屏障		
封隔器以上油层套管	环空施加平衡压力对套管影响	平衡压力是否在套管安全控制参数内
封隔器以上油层套管（含喇叭口）外水泥环	施加平衡压力对套管外水泥环的影响	通过环空压力监测验证
套管头	施加平衡压力对套管头的影响	（1）平衡压力是否超过套管头额定工作压力。 （2）通过套管头两翼闸门、试压孔是否异常带压判断套管头完整性
油管头	施加平衡压力对油管头的影响	（1）平衡压力是否超过油管头额定工作压力。 （2）通过油管头两翼闸门、试压孔是否异常带压判断油管头完整性
采油树	关井压力对采油树的影响	（1）采油树是否满足稳定关井的要求。 （2）采油树阀门是否渗漏

表 K-7　生产期间的井屏障部件评价表

井屏障部件	评价内容	评价方法
第一井屏障		
隔挡层	日的层上部的隔挡层是否有效	通过环空压力监测来验证
封隔器下部套管	(1) 生产期间压力下降是否会造成封隔器下部套管被挤毁。 (2) 关井是否会压坏封隔器下部套管	实际施工参数是否在封隔器下部套管安全控制参数范围内
封隔器下部套管外水泥环	生产期间的温度、压力变化是否会造成封隔器下部套管外水泥环	通过环空压力监测验证
封隔器	生产期间的温度压力变化是否对封隔器密封性能产生影响	(1) 分析实际工况下封隔器压差。 (2) 通过 A 环空压力监测验证封隔器完整性
管柱	生产期间的温度压力变化是否对管柱产生影响	(1) 用实际施工参数再次进行管柱校核，了解生产期间管柱是否安全。 (2) 通过 A 环空压力监测管柱完整性
井下工具	生产期间对井下工具的影响	(1) 生产期间工具内外压力是否超过井下工具强度。 (2) 井下安全阀是否开关正常
第二井屏障		
封隔器以上油层套管	环空施加平衡压力对套管影响	(1) 平衡压力是否在套管安全控制参数内。 (2) 通过环空压力监测验证。 (3) 环空带压分析
封隔器以上油层套管（含喇叭口）外水泥环	施加平衡压力对套管外水泥环的影响	通过环空压力监测验证
套管头	施加平衡压力对套管头的影响	通过套管头两翼闸门、试压孔是否异常带压判断套管头完整性
油管头	施加平衡压力对油管头的影响	通过油管头两翼闸门、试压孔是否异常带压判断油管头完整性
采油树	关井压力对采油树的影响	采油树阀门是否渗漏

附录 L 编写《高温高压高含硫井完整性设计准则》所参考的标准及文件资料

GB/T 29170—2012《石油天然气工业 钻井液实验室测试》（ISO 10416/API RP 13I）

GB/T 20972—2008《石油天然气工业 油气开采中用于含硫化氢环境的材料》（ISO 15156）

GB/T 17745—2011《石油天然气工业 套管和油管的维护与使用》（ISO 10405）

GB/T 25430—2010《钻通设备 旋转防喷器规范》（API Spec 16RCD）

GB/T 20174—2006《石油天然气工业 钻井和采油设备 钻通设备》（ISO 13533）

GB/T 22513—2008《石油天然气工业 钻井和采油设备 井口装置和采油树》（API 6A /ISO 10423）

GB/T 28259—2012《石油天然气工业 井下设备 井下安全阀》（ISO 10432）

GB/T 22342—2008《石油天然气工业 井下安全阀系统 设计、安装、操作和维护》（ISO 10417）

GB 10238—2005《油井水泥》（ISO 10426−1，API Spec 10A）

GB/T 19139—2012《油井水泥试验方法》（ISO 10426−2）

GB/T 19830—2011《石油天然气工业 油气井套管或油管用钢管》（ISO 11960）

GB/T 21267—2007《石油天然气工业 套管及油管螺纹连接试验程序》（ISO 13679）

GB/T 20970—2007《石油天然气工业 井下工具 封隔器和桥塞》（ISO 14310）

SY/T 5396—2012《石油套管现场检验、运输与贮存》

SY/T 5467—2007《套管柱试压规范》

SY/T 5412—2005《下套管作业规程》

SY/T 6426—2005《钻井井控技术规程》

SY/T 5724—2008《套管柱结构与强度设计》

SY/T 5087—2005《含硫化氢油气井安全钻井推荐作法》（API RP 49）

SY/T 6581—2012《高压油气井测试工艺技术规程》

SY/T 6268—2008《套管和油管选用推荐作法》

SY/T 5964—2006《钻井井控装置组合配套安装调试与维护》

SY/T 6160—2008《防喷器的检查和维修》

SY/T 5323—2004《节流和压井系统》

SY/T 6868—2012《钻井作业用防喷设备系统推荐作法》（API RP 53）

SY/T 5678—2003《钻井完井交接验收规则》

SY/T 6646—2006《废弃井及长停井处置指南》（API Bull E3）

SY/T 6417—2009《套管、油管和钻杆使用性能》

Q/SY 1661《钻井液设计规范》

Q/SY 1572.2《油井管技术条件 第2部分：油管》

油勘〔2009〕44号中国石油《高温高压深层及含酸性介质气井完井投产技术要求》

中油工程〔2009〕247号《中国石油集团高压、酸性天然气井固井技术规范》

油勘〔2016〕163号《股份公司固井技术规范》

中国石油《关于进一步加强井控工作的实施意见》

中国石油《石油与天然气钻井井控规定》

ISO/TS 16530-2 Well Integrity for the Operational Phase-2013 《生产阶段的井完整性》

NORSOK D-010 Well Integrity in Drilling and Well

Operations—2013《钻井和作业过程中的井完整性》

UK Oil and Gas Well Integrity Guidelines—2012《英国石油天然气：井完整性》

Energy Institute Model Code of Safe Practice—2009《英国能源协会安全技术规范》

OLF 117 Recommended Guidelines for Well Integrity—2011 挪威 OLF 117 井完整性推荐指南

API RP 90—2 Annulus Casing Pressure Management for Onshore Wells—2012《陆上油气井环空压力管理》

Development in Petroleum Science—2009《完井设计》